天然系調味料の知識

石田賢吾

幸書房

はじめに

1955年出版の広辞苑第1版によると,「調味」とは「食物の味を調べること．食物に味をつけること.」そして「調味料」とは「飲食物の味を調えるに用いる材料．味覚・嗅覚を刺激して食欲を進め，消化・吸収を佳良にするために用いる．鹹味料・旨味料・酸味料・甘味料及び苦味料などに分け，食塩・醤油・ソース・味の素・鰹節・昆布・煮出汁・酢・砂糖・飴・脂肪・澱粉などの種類がある.」と記されている.

日本標準商品分類（1990年改訂）では，中分類にその他の食料品があり，ここに調味料及びスープが記載されており，これには,「食塩・みそ・しょうゆ・ソース・食酢・うま味調味料・調味料関連製品・スープ・その他の調味料及びスープ」が商品項目としてあげられている.

近年の社会・経済的な変化に伴い，人々の生活様式のニーズとして簡便化が大きなキーワードになっている．このような中で，加工食品や外食産業，コンビニに代表される中食の発達には著しいものがある．したがって，日本標準商品分類の調味料関連製品やその他の調味料およびスープに分類される調味料は，著しく発達し，変化し拡大している.

天然系調味料とは，農・水・畜産物および酵母を原料として抽出・濃縮してつくるエキス調味料と，大豆・小麦・その他の副生成物のたん白質を分解してつくる，たん白加水分解物調味料との，2

つの系統の調味料に対して用いる業界用語である．一言でいえば，天然の食品素材を原料とした調味料ということになる．食品の表示においては天然・自然などの用語は，公正競争規約などに別途定められているので，それに準じて使用しなければならない．

このように，エキス調味料はいわゆる日本の“だし”，西欧の“ブイヨン”，“フォン”，“スープストック”，中華の“湯（たん)”に相当するもの，あるいはそれらの加工度を向上して，加工食品や外食産業などに使いやすくしたものといえる．一方のたん白加水分解物は，しょうゆやみそ，魚醤油のように，一般に安価な原料を使用して，たん白質を分解してアミノ酸を作り，使いやすくした調味料である．市販の加工食品の表示を見て頂ければおわかりのように，このようなエキスやたん白加水分解物は，ほとんどの食品に使用されている．

おいしい食物をつくるにはその風味が重要であり，調味料の役割は大きい．食品の風味に関与する成分の解明，うま味，コク，減塩調味に加えて風味と健康機能との関係など新しい研究も進展している．

一方，調味料として風味が優れたものを作り，保存性も良く，安心して安全に使用されるためには，原料の選択，抽出法，濃縮法，保存安定性の確保など製造技術面の役割が大きい．

著者は，民間会社でうま味調味料，たん白加水分解調味料，エキス調味料の研究，開発，製造に携わり，さらに関連する業界団体で経験した安全・安心の確保なども含めてまとめたのが本書である．

天然系調味料は，非常に広く食品業界に浸透しているため，調味料会社の方はもとより，食品に関与されている製造，販売，研究，給食関係，および大学で食品を専攻される方々の参考になれば幸いである．

最後に，各章ごとに参考文献を掲載した．この場を借りて引用先の先生方に謝意を述べさせて頂きます．特に三菱商事ランフサイエンス（株）のメールマガジン「味な話」からは，多数の処方を引用させて頂いたことに感謝致します．

また，本書の出版にご尽力，ご協力を賜った幸書房の社長 夏野雅博氏と編集部の伊藤郁子さんに感謝致します．

2020 年 9 月　　　　石田　賢吾

目　　次

第1章　天然系調味料の概要

調味料業界では，エキス調味料とたん白加水分解調味料とを合わせて天然系調味料または天然調味料と呼ばれている．この天然系調味料の定義，分類，発達の経緯ならびに近年重要性が叫ばれている安全性と品質の現状について述べる．

1.1　天然系調味料の定義と分類[1-3)]

天然系調味料という用語は，昭和30年代に使われていた化学調味料に対比する用語として，天然素材を原料とした，多数の幅広い調味機能を有する調味料に対して使われるもので，業界の用語である．グルタミン酸ナトリウムなどの食品添加物やみそ，しょうゆなど発酵調味料とも別の分類になる．JAS法や食品衛生法，食品表示法上の定義はない．天然系調味料や天然調味料の用語は，食品表示等には使用しないで，ビーフエキス，植物たん白加水分解物などと，原料や作り方の内容が説明できるように表示されている．

1.1.1　定　　義

この業界用語の天然系調味料は「一般に食品に用いられる天然の農・水・畜産物・酵母などを原料として，煮だしてつくるエキス，動植物から酵素や酸で分解してつくる分解物からなり，これらを加熱，分離，濃縮，乾燥などの主として，物理的手法によって加工したもので，必要に応じて呈物質等を一部配合した調味料」と定義することができる．

また，日本エキス調味料協会は，エキスの定義を「食品として用いる農・水・畜産物・酵母を原料として，衛生的管理の下に抽出または搾汁，自己消化，酵素処理，精製，濃縮等により製造し，原料由来の成分を含有するもの，またはこれに副原料，呈味成分を加えたもので食品に風味を付与するものをいう」[4] としている．

天然系調味料は，古来より使われてきた「ビーフエキス」，「酵母エキス」や調理のベースとして用いられる「だし」，「湯（たん）」，「フォン」，「ブイヨン」を工業的に作ったもので，液体，ペースト，粉末，顆粒などの使いやすくて，保存性のあるものに作り上げたものといえる．

1.1.2　分　類

調味料業界において産業規模で生産されている天然系調味料の分類を**図 1.1** に示した．天然系調味料は，抽出法で作られるエキスが主体を占め，塩酸または酵素で分解したたん白加水分解物とに大別される．これらの素材型の天然系調味料に加えて，うま味調味料やアミノ酸類などを配合した配合型天然系調味料もある．

エキスは牛，豚，鶏の肉や骨を原料とした畜産エキス，かつお，えびなどの魚介類やこんぶなどの海藻を原料とした水産エキス，玉ねぎなどの野菜やしいたけなどきのこを原料とする農産エキス，そして，ビールやパン，トルラ酵母を原料とした酵母エキスに大別される．魚醤油は発酵調味料に分類される場合もあるが，ここではエキスに加えた．

たん白加水分解物は，大豆や小麦などのたん白質を分解した，植物たん白加水分解物（HVP, Hydrolyzed vegetable protein），水産加工

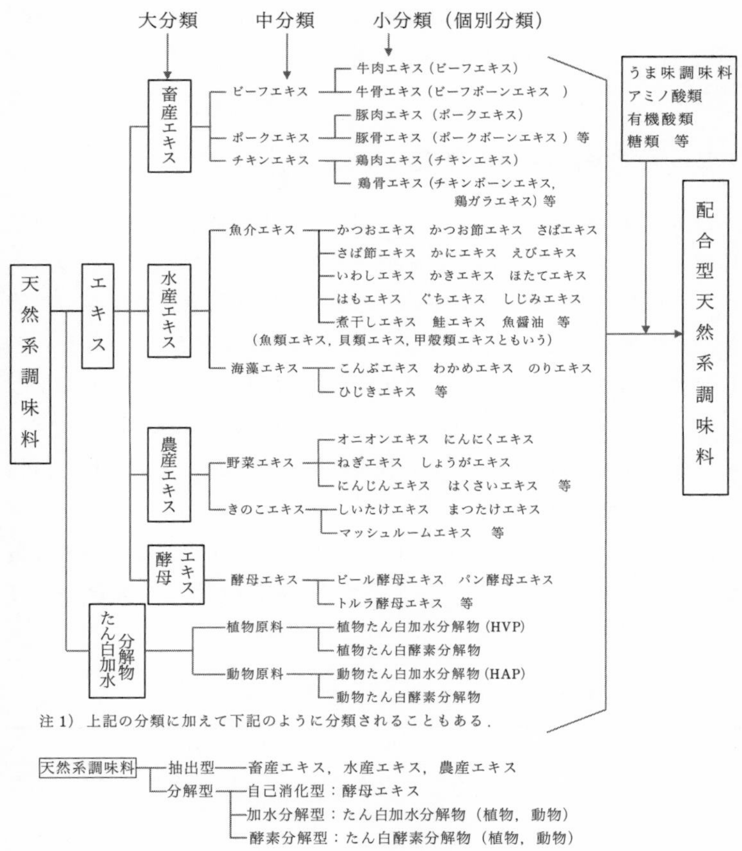

図 1.1　天然系調味料の分類

場や食肉加工で副生産されるたん白質を原料とした，動物たん白加水分解物（HAP, Hydrolyzed animal protein）がある．

以上のような素材型の天然系調味料に，うま味調味料，アミノ酸，有機酸，糖類などを加えて味や物性を改良したものを配合型天然系調味料という．

なお，酵母エキスは自己消化等の工程を経て製造されるため分解型の自己消化型に含まれる分類もある．

1.2 天然系調味料の歴史

日本では，養老律令（718）の「賦役令」の租庸調の調として「堅魚煎汁（かたうおいろり）」の記述がみられ，これは現在のかつおエキスの原型である[5]．大正8年（1919）村松善八商店ではかつお節製造で生成する煮汁を濃縮した「鰹の素」が開発され，「だし」として使用された．欧米では，1865年化学者リービッヒが栄養剤として「牛肉エキス」を開発し[6]，これが調味料として利用された．その後，欧米では牛肉エキスの代替物として酵母エキスやたん白加水分解物が使用された．

国内においては，昭和30年代の加工食品の発達，その後の外食産業，中食産業の発達に伴って天然系調味料も著しい発展を遂げた．その概要を**表1.1**に示した．

表1.1 天然系調味料の歴史（関連事項も含む）

分類	年代	歴史の概要・食品業界の状況
ルーツ	700～1000	日本：・養老令や延喜式で貢納品として堅魚煎汁（かつおを煮たあとの汁を煮詰めた黒褐色の飴状の液）が用いられた記録がある．
	1800～1945	欧米：・1865年リービッヒが肉エキスを栄養剤，調味料として開発． ・1889年Salkowskiが酵母の自己消化現象発見，酵母エキスの源流． 日本：・1908年池田菊苗がグルタミン酸ナトリウム（MSG）を発見． ・1909年「味液（たん白加水分解物）HVP」を製造（味の素（株））．

		・1919年かつお節製造の煮汁を濃縮した「鰹の素」を発売(村松善八商店). ・1942年オランダでパン酵母原料の酵母エキス製造.
戦後の代用品時代	1945～ (S20年代)	欧米：・肉エキスが高騰し,酵母エキス,HVPを代用として利用. 日本：・HVP, アミノ酸醤油, 生骨スープを栄養補給に利用.
揺籃期	1955～ (S30年代)	・S33年インスタントラーメン発売, 化学調味料からエキスの揺籃期. ・鯨肉エキス全盛（インスタントラーメンに使用). ・かつおエキス, かつお節エキスを風味調味料に使用, えび, かにエキス開発. ・豚骨, 鶏ガラエキス, 酵母エキス, HVP, HAP等が主流.
第一次成長期	1965～ (S40年代)	・1966年ビール酵母エキス「ミースト」（商品名）発売. ・HVP, HAP, 配合型アミノ酸系調味料伸長, エキスも含めて年率20%伸長. ・インスタントラーメン, 漬物, 水産練製品が3大用途.
アミノ酸系からエキス系へ	1975～ (S50年代)	・アミノ酸系（HVP, HAP）からエキスへ, エキスの伸長. ・海外生産始まる.
第二次成長期	1985～1994 S60～H6	・外食, 中食の発展によりガラスープ, ブイヨン, かつお節エキス等伸長. ・ソース, たれ, めんつゆなどへのエキスの利用拡大.
成熟期 安全・安心	1995～2004 H7～H16	・最新の製造技術（抽出, 濃縮, 粉化等）の活用とストレート型開発. ・H13国内でBSE発生, H15食品安全基本法制定. 安全・安心の追及. ・H15日本エキス調味料協会設立. ・酵母エキス伸長, コク味調味料開発.
食品産業を支えるエキス	2005～2014 H17～H26	・高核酸, 高グルタミン酸酵母エキス. 減塩調味料開発. ・エキスの海外生産, 海外販売の拡大.
機能性の追及	2015～2019 H27～R1	・H27機能性表示食品制度始まる. 食品表示法施行. ・エキスの機能性解明. ・健康志向. ・食品業界の人手不足への対応.

1.3　天然系調味料の安全性と品質

天然系調味料は，今や食品業界で必須の原料になっている．これが持続的に使用され，発展するためには，安全性と安心の確保に加えて，品質の確保が重要である．

1.3.1　安全性の確保

天然系調味料の安全性を確実にするために留意すべき主要な事項を**表 1.2** にまとめた．

表 1.2　天然系調味料の安全性確保のための主要な対策

項　目	安全性確保のための対策
牛海綿状脳症（BSE）対策	・トレーサビリティ　・記録の励行と保存
農薬等のポジティブリスト制度への対応	・許可農薬，動物薬の残留基準の順守　・トレーサビリティ　・記録とモニタリング
アレルギー表示対策	・原材料の調査表の作成　・製造工程コンタミの防止　・アレルゲン分析　・えび，かに，親鶏原料要注意（卵）
有害化学物質対策	・クロロプロパノール（低減マニュアルの実行）[a]　・多環芳香族炭化水素（燻煙対策）[b]　・ヒスタミン（衛生管理）
有害微生物・ウイルス対策	・一般衛生管理の実施　・HACCP に準じた衛生管理
放射性物質対策	・一般食品基準 100 ベクレル /kg の遵守　・モニタリング

[a]：「酸・HVP 製造工程におけるクロロプロパノール類の低減に関しての行動規範」（Codex CAC/RCP64-2008）参照

[b]：「鰹節・削り節の製造における PAH（多環芳香族炭化水素）の低減ガイドライン（2013）」（社）日本鰹節協会　参照

1.3.2　品　　質

天然系調味料は食品への風味付与を目的にしたものであり，品質としては安全で，使い易く保存性の良いものでなければならない．

表 1.3　天然系調味料の品質のポイント

品質の項目	品質の内容
風味付与力	目的とする風味(味と香り)付与, コク味付, 風味改良(マスキング等)を有すること．原料由来の呈味成分，香気成分を豊富に含むこと
安全性	原料，製造工程，表示等につき法令の遵守，衛生管理が確実に行われていること．
保存性	定められた保存条件で品質が劣化しないこと．固化，分離等がないこと
利便性	開封性，流動性等使い易い物性，包装形態であること
経済性	調味料の効果に合った価格であること，納得のいく価格であること
継続性	調味料の原料調達，製造法等が安定的に継続できるものであること

それらのポイントを**表 1.3** に示した．

一般に調味料は，風味付与，保存性，利便性，安全性が重要であると論じられる場合が多いが，経済性，継続性も調味料にとっては重要な要素である．

1.3.3　品質管理

天然系調味料の製造，流通にわたって品質管理の基準になるのは，その原料に由来する典型的な風味を有し，それを食品の加工や調理に反映することに加えて，微生物生菌数，重金属などの安全性に関与するもの，変色，風味の保存安定性である．

風味については，官能検査やヘッドスペースガスクロマトブラフィーなどによって経時的に分析を行って風味の変化を把握し，原料の選択や製造工程，流通方法にフィードバックすることが重要である．

一方，保存安定性は一般生菌数や乳酸菌などの微生物検査，色差計などによる色の変化や pH の測定及び官能検査によって追跡する．結果によっては，原料，加熱殺菌条件，濃縮度合いや流通条件を見直さなければならない．

微生物的安定性に関与する因子は，水分，pH，食塩，糖，有機酸の含量や水分活性（Aw）のようなエキス自身の特性に起因するものと，加熱殺菌や保存条件，衛生管理などの製造工程や保存・流通条件に起因するものとの二つに分けられる．

食塩やエタノール，酢酸やクエン酸の添加によって微生物的な安定性を向上することが可能である．また，酸化に対して不安定な油脂を含有する場合には，トコフェロールなどの抗酸化剤を使用する場合がある．

製造された天然系調味料が目的とする品質に合致するか否かを

表 1.4 エキス調味料の品質管理項目

項　目	内　容	分析法など
風　味	目的とする風味を有するか (基準試料との比較)	官能検査（コントロールと比較など） 味覚センサー，ガスクロマトグラフィー（GC）
色　調	目的とする色調であるか	官能検査，色差計
物　性	粘度（ペースト），粒度（粉体）	粘度計，篩分法，粒度分布測定
一般成分	a. 水分（乾燥減量） b. 全窒素 c. 塩分　d. 粗脂肪　e. pH	水分：常圧加熱乾燥法 全窒素：改良ケルダール法 食塩：原子吸光光度法 粗脂肪：ソックスレー抽出法 pH：水溶液の pH メーター
保存安定性	a. 風味　b. 色調　c. 微生物 d. 油脂酸化 e. 水分活性（Aw） f. ブリックス（Brix）	風味：官能検査，味覚センサー，GC 色調：色差計　　微生物：一般生菌数 油脂酸化：過酸化物価（POV），賞味期限が守られること Aw：水分活性測定装置 Brix：ブリックス計

判定する品質の管理では，乾燥減量，pH，食塩，糖含量，全窒素，アミノ態窒素，ヌクレオチド（イノシン酸やグアニル酸など），異物検査，風味と外観に関する官能検査や一般生菌数と大腸菌群の測定を行う．必要に応じてアミノ酸分析，重金属分析，香気成分分析なども行う．

このような天然系調味料の品質管理項目とその目的を**表 1.4** に示した．

1.3.4　HACCP による衛生管理

食品衛生法等の改正（2020 年施行）によって，天然系調味料を含む食品全般の製造に関し HACCP（Hazard Analysis and Critical Control Point）に沿った衛生管理が制度化された．

HACCP とは，1960 年代に米国で宇宙食の安全性を確保するために開発された衛生管理の方式であり，Codex（FAO と WHO が 1963 年設立した食品の国際基準を作る政府間組織）の食品衛生の一般衛生に定められている．

この衛生管理手法の特徴は次の通りである．

・原材料の受入れから最終製品までの工程ごとに，生物的危害（病原微生物など），化学的危害（ヒスタミン，農薬など），物理的危害

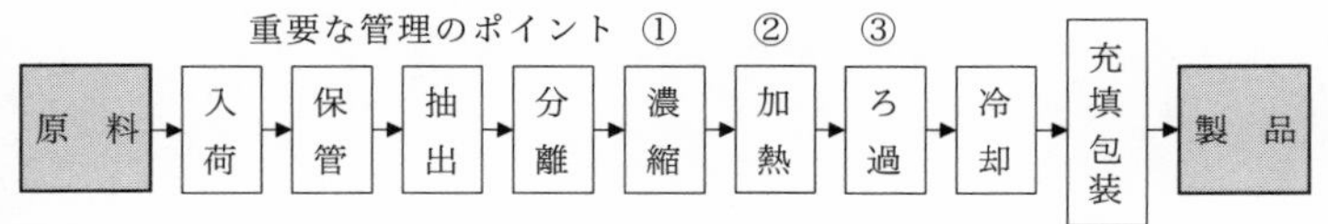

重要管理点（CCP）について，継続的な監視を行い，記録する．
①濃縮工程（水分活性の低下，ブリックス測定）→微生物の増殖防止
②加熱工程（加熱殺菌，温度と時間の測定）→食中毒菌，有害微生物の殺菌
③ろ過工程（ストレーナー，磁石等）→金属，ガラス等の有害異物の除去

図 1.2　HACCP 方式による天然系調味料の衛生管理 [7)]

（ガラス，金属片など）の要因の分析（HA：Hazard Analysis）を行う．

・上記の危害につながる重要な工程（CCP：Critical Control Point）を決めて，継続的に監視・記録する「工程管理システム」．
・これまでの品質管理の手法である最終製品の抜き取り検査に比べて，より効果的に問題のある製品の出荷を未然に防ぐことが可能となる．これらの概要を**図 1.2** に示す．

2020年改正の食品衛生法では，食品事業者のうち小規模な事業者は，一般的衛生管理を基本として，必要に応じて重要管理点（CCP）を設けて，HACCPの考え方を取り入れた衛生管理を行うよう定められている．

文 献

1) 越智宏倫，“天然調味料”，p.1, 光琳 (1993)
2) 石田賢吾，“改訂版天然調味料総覧”，p.8, 食品化学新聞社 (2005)
3) 太田静行原著者，石田賢吾改訂編著者，“食品調味の知識”，p.210, 幸書房 (2019)
4) 日本エキス調味料協会，“エキスの規格に関するガイドライン（改訂版）”，(2009)
5) 前川隆嗣，“改訂版天然調味料総覧”，p.62, 食品化学新聞社 (2005)
6) 船引龍平，“リービッヒ肉エキスのアミノ酸組成―栄養補給食品から調味料へ―”，必須アミノ酸研究，(178), 59 (2007)
7) 日本エキス調味料協会，“HACCPの考え方を取り入れた衛生管理のための手引書（小規模な調味料製造事業者向け）”，(2020)

第 2 章　天然系調味料の原料と製造法

エキス系調味料の原料は，農・水・畜産物および酵母である．また，たん白加水分解物は各種の動植物たん白が原料で，これらを分解・精製して作られる．その原料，製造工程，製造の要点の順に解説する．

2.1　天然系調味料の原料

畜産エキスの原料，水産エキス，魚醤油，農産エキス，酵母エキスおよびたん白加水分解物の原料について各々**表 2.1〜2.6** にまとめた．

畜産原料においては鮮度，すなわち熟成度が味に大きく影響を及ぼす．鮮度が良いことは重要であるが，適度な熟成により呈味物質であるアミノ酸，ペプチド，イノシン酸，乳酸などの有機酸が増大する．一般の食肉では，2〜4℃保存で，牛肉は 10〜14 日，豚肉で 5〜7 日，鶏肉で 1〜2 日で呈味成分が最大になるとされている．特にイノシン酸は，過度な熟成や，鮮度の低下によって脱リン酸されてイノシンになり呈味性が消失する．

水産原料は，鮮度の低下が早いため，冷凍処理または加熱等により微生物の繁殖を阻止することが重要である．ヒスタミンの生成，アミン臭の生成を防止すると共に，核酸系うま味成分が分解・消失しないように適切な温度管理を行うことが重要である．

表 2.1　畜産エキスの原料

<table>
<tr><td rowspan="3">ビーフエキス</td><td>牛肉</td><td>南米，オーストラリアの缶詰，コンビーフ製造時の煮汁，クレアチン・クレアチニン含量が7%以上が一般的</td></tr>
<tr><td>牛骨</td><td>国内は一部九州地区で生産，オーストラリア，アルゼンチン，ブラジル．</td></tr>
<tr><td colspan="2">牛肉エキスの原料は，国内では殆ど入手できないため，南米やオーストラリアの缶詰製造時（コーンビーフ，ボイルドビーフ）の煮汁が用いられる．したがって，いわゆるBeef Extractとしての輸入が主体であり，一般に高価格である．クレアチン・クレアチニン含量が7%以上含まれている[1]．
牛骨は国内では，新鮮な生骨がまとまって得られる所にエキスの生産拠点が設けられている．
牛原料を用いる場合には，BSE非発生国，または発生国でもBSE対策（飼料規制，特定危険部位の除去，サーベイランス，トレーサビリティなど）が確実に行われた原料を用いることが必須である．国内での牛脊柱を使用する場合は，30ヵ月齢以下であること．</td></tr>
<tr><td rowspan="3">ポークエキス</td><td>豚肉</td><td>豚肉のみを使用したエキスは殆ど流通していない．</td></tr>
<tr><td>豚骨</td><td>食肉処理場と畜場で副生成する新鮮な生骨を使用する．</td></tr>
<tr><td colspan="2">日本で飼育されている豚の平均体重110 kgのもので，使用可能な原料骨は約8 kg（頭部3.5 kg，足部0.5kgを除く）と報告されている．日本における養豚業は毎年減少する傾向にあり，アメリカなどの海外で豚骨エキスを生産する傾向がみられる．豚骨のうち特に「豚げんこつ」に相当する部位（大腿部，下腿部，上腕部，前腕部の関節部と付着肉含む骨）からは，優れた豚骨エキスとして特徴のあるものがとれるとされている[2]．
その他，豚頭，豚足，豚皮も原料として用いられる．
豚骨には，豚肉と比べてコラーゲンたん白が多いのが特徴である．</td></tr>
<tr><td rowspan="3">チキンエキス</td><td>鶏肉</td><td>鶏肉のみを原料としたエキスは少ない．丸鶏の形で肉とガラとを両方含むものを使用．</td></tr>
<tr><td>鶏ガラ</td><td>ブロイラー解体処理場，および採卵用成鶏処理場のガラを用いる．これは，一般の解体されたガラと，丸鶏ガラが用いられる[3]．
鶏ガラは若鶏ガラ（3ヵ月未満），親鶏ガラ（5ヵ月以上）がある．
鶏ガラにはコラーゲンたん白が多く含まれる．</td></tr>
<tr><td colspan="2">丸鶏としては，鶏のと体から内臓，総排泄腔，気管，食道，頸，足などを除去したものが使用される．</td></tr>
</table>

表 2.2　水産エキスの原料

エキスの種類	原　　料	原料産地
魚節エキス	かつお節（荒節，枯れ節），さば節など	焼津節，土佐節，薩摩節など
かつおエキス	かつお節製造時の煮汁，缶詰製造時のクッカージュースなど	焼津，枕崎，東南アジア（タイなど）
まぐろエキス	缶詰製造時のクッカージュースなど	日本，東南アジアなど
鮭エキス	鮭そのものまたは，加工時の端材肉等，輸入原料では，原料産地にて頭・内臓を除去し，バラ凍結（IQF）されて流通	北海道，アラスカなど
えびエキス	干しえび用の凍結原料，えびの煮熟液，えび頭部などの凍結原料	日本，中国，ベトナム マダガスカル，マレーシア，インド等
あさりエキス	むき身や缶詰，干し貝柱製造時の煮熟液	海外が主体
かきエキス	むき身または加工時の損傷カキや余剰カキを使用，缶詰製造時の煮熟液など	広島県ほか，一部韓国など
ほたてエキス	帆立貝（缶詰，干し貝柱製造時の煮熟液）	北海道，青森，岩手，宮城
かにエキス	冷凍かに等の煮汁	日本，韓国，アフリカ，ブラジル
こんぶエキス	干こんぶ	北海道，真昆布，日高昆布，羅臼昆布，利尻昆布，（養殖が 1/4），中国
水産加工の副生産物	各種魚介類の成型，加工時の副生産物	日本，中国，東南アジア他

表 2.3　魚醤油の原料と名称[4)]

魚醤の種類・名称	主な原料	産地
ナムプラ	いわし類，さば類，小魚など	タイ
ニョクナム	いわし類，あじ類，さば類，淡水魚	ベトナム
パティス	むろあじ，小魚	フィリピン
蚝醤（シャージャン）	かき	中国
蝦醤（ユイルー）	小魚類	中国
しょっつる	はたはた，いわし，さば，あじ等	秋田
いしる	するめいかの内臓	能登，佐渡
いかなご醤油	いかなご	香川
北海道魚醤油	しろさけ，ほっけ，さんま　他	北海道

表 2.4　農産エキスの原料[5)]

分　類	原料の種類
根・茎を原料とするもの	にんじん，にんにく，だいこん，しょうが，ごぼう，ねぎ，ビート，アスパラガス　など
葉を原料とするもの	玉ねぎ，はくさい，キャベツ，こまつな，あおじそ，よもぎ，セロリ，レタス，パセリ，ケール　など
果実・種実を原料とするもの	かぼちゃ，なす，すいか，トマト，ピーマン，メロン，パプリカ，レッドペッパー　など
きのこ（子実体）を原料とするもの	しいたけ，まいたけ，まつたけ，マッシュルーム，しめじ　など

表 2.5 酵母エキスの原料[6)]

ビール酵母	*Saccharomyces cerevisiae*	ビール醸造終了後の酵母菌体を分離洗浄して使用
パン酵母	同上	糖蜜等の糖源で培養された酵母を洗浄して使用
トルラ酵母	*Candida utilis*	木材加水分解物中に存在する糖源で培養した酵母
乳酵母	*Kluyveromyces fragilis*	ミルクホエーを培地にして培養した乳酵母
海洋酵母	*Saccharomyces cerevisiae*	当初パン酵母として上市，海洋からの分離酵母
分離酵母	*Saccharomyces cerevisiae* (AB9846 株)	アサヒビール研究開発センターが保有する酵母でグルタミン酸を生成蓄積する能力の高い酵母など

表 2.6 たん白加水分解物の原料[7)]

分　類	原料たん白の種類
植物原料	脱脂大豆，小麦たん白（グルテン系），とうもろこしたん白，ポテトたん白　など
動物原料	畜産加工での副生成たん白（ホエーたん白など），水産加工副生成物（調理，練り製品など），エキス抽出残渣，畜産系ゼラチン，水産系ゼラチン
その他	酵母菌体たん白

2.2 天然系調味料の製造法

各調味料の製造工程，製造の要点および関連する設備の特徴などについて述べる．

2.2.1 畜産エキス・水産エキス

1) 製造工程

これらのエキスは，水を加えて加熱抽出した液体区分，いわゆる煮だし汁を分離して濃縮または粉末化したものである．抽出液そのものを用いる場合を一次エキス，これに必要に応じてグルタミン酸ナトリウムなどの呈味物質を加えたものを二次エキスまたは調合エキスと呼ぶ．これらには，液体・ペースト・粉末，これを使いやすい顆粒にしたものもある．この工程で生成する油脂区分は豊富な香り成分を含むため，シーズニングオイルとして利用される．

畜産エキスと水産エキスは製造法が類似しているため，**図2.1**にその製造工程を示した．

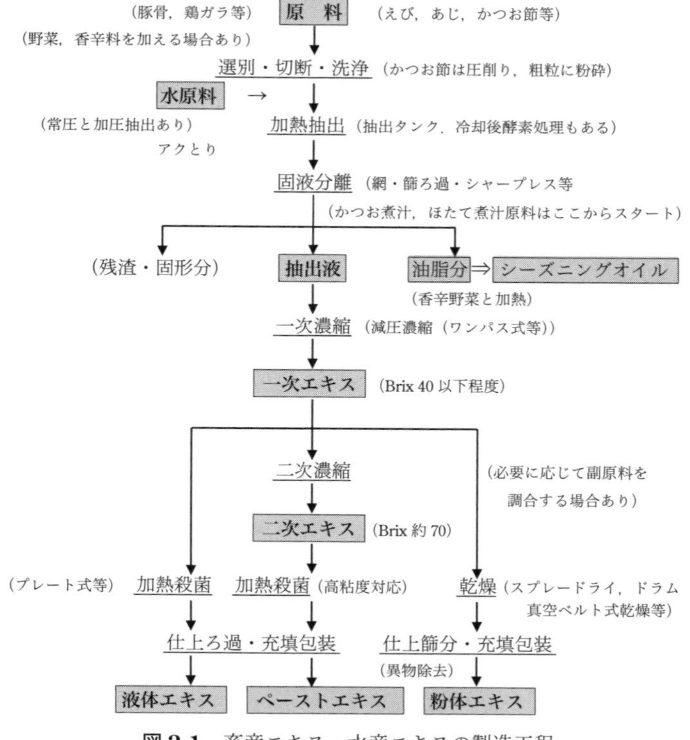

図2.1　畜産エキス・水産エキスの製造工程

2)　エキスの抽出条件

・共通事項

エキス一般に共通する事項であるが，抽出の際には次の事項を考慮すべきである.

① 原料と加える水（一般には原料の等量～2倍量程度加える.）との割合は，抽出率および抽出成分の濃度に影響を及ぼす.

② 抽出原料の前処理として事前にローストした原料を使用する場合，また風味付与のために香辛野菜などと共に抽出するなどの工夫がされている.

③ 抽出温度と時間，加圧抽出，常圧（沸騰水），ミジョテの状態（フランス料理のフォンを煮だすときの微笑むような感じの煮だし方　mijoter）などがある.

④ 抽出装置，密閉加圧方式，蓋なし釜，蒸気抜き蓋方式などがある.

・抽出圧力の影響

鶏原料の各部位とエキスの収量に及ぼす抽出圧の影響を調べた結果を**表 2.7** に示す[8].

鶏の原料部位では，肉が全収量で最も高く，鶏ガラと内臓は同程

表 2.7　原料鶏の部位と抽出圧が収率に及ぼす影響

原料＼圧力	鶏　肉			鶏ガラ			鶏内臓		
	常圧	1 気圧	2 気圧	常圧	1 気圧	2 気圧	常圧	1 気圧	2 気圧
全窒素	0.8	1.1	1.4	0.6	1.1	2.0	0.4	0.6	0.8
固形分	7.0	6.9	8.8	5.1	6.8	12.1	3.5	4.9	7.2
脂　肪	22.0	8.0	16.5	5.6	10.5	8.5	8.0	9.0	13.5
全収量	29.0	24.9	25.3	10.7	17.3	20.6	11.5	13.9	20.7

注）原料 100 に対する数字，常圧とは開放系抽出缶で抽出したもの.

度である．抽出圧力では，2気圧＞1気圧＞常圧の順で収量が高い．ガラや内臓を使用した場合は，圧力による抽出率の差が大きいのが特徴であり，ガラエキスの製造に加圧抽出が行われる所以である．

抽出は常圧短時間抽出（常圧，2～6時間），または低圧短時間（0.2～0.5 kg/cm^2，20～50分）の場合は歩留まりは低いが，風味と呈味量力が強く，ラーメン店向けのエキスなどで使用される．一方，加圧抽出（0.7 kg/cm^{2}以上，1時間以上）の場合は，風味よりも歩留まりが多くなる特徴がある．

・抽出温度の影響

廃鶏中抜き屠体を原料として，抽出温度のエキスの収率と品質におよぼす影響を調べた結果を**表2.8**に示す．

表2.8　廃鶏中抜き屠体の抽出温度とエキスの品質と収率[9)]

	95℃	95℃	100℃	105℃	110℃	115℃	120℃
屠体（g）	1346	1346	1086	1320	1183	1241	1212
加水量（g）	2700	1700	2200	2600	2300	2500	2400
Bx10品収率（%）	5.8	5.3	14.7	14.4	21.0	20.5	24.3
外観（濁り）	−	++	+	+	+	+	++
味	++	+	+	+	−	−	−
苦味	−	±	±	±	+	+	++
香り	++	±	±	±	±	±	±
粗脂肪（%）	0.48	0.39	0.41	0.54	0.38	0.69	0.39

注）Bx10品取得率：原料屠体重量に対する抽出液（固形分濃度10%）の取得率の比（%）．
抽出時間：3時間，
外観（抽出液の濁り）：−透明，＋微濁，++混濁
味：++極めて良好，＋良好，−不良
苦味：−なし，±弱い苦味，+苦味，++強い苦味
香り：++強い，±ほとんど認めず

表2.8では，肉と骨を含む廃鶏原料では，95℃の低温抽出では収率は低いが風味が良く，110℃以上の高温抽出では収率が高いが風味が劣る結果となっている．抽出温度は収率重視か風味重視かによって選択されるが，100℃前後の抽出が採用される．鶏ガラ原料の場合は収率重視で，120℃前後での抽出も採用されている．

・原料，加熱温度とエキスの成分

チキンエキス調味料は，鶏ガラや中抜き丸鶏を原料として製造される．鶏ガラにはコラーゲンが多くかなりの肉が付着している．コラーゲンは，抽出時の加熱によりゼラチンに変化する．このゼラチンにはヒドロキシプロリンが含まれるのが特徴である．鶏肉および鶏ガラの原料と抽出液のたん白質とゼラチンの含量を分析した前田氏の結果を**表2.9**に示す[10]．

表2.9　鶏肉と鶏ガラのたん白含量とゼラチン

項目＼原料	鶏　肉		鶏ガラ	
たん白質（CP）％	21.3		15.3	
ヒドロキシプロリン％	0.16		0.63	
ゼラチン％	1.62		6.30	
ゼラチン /CP　％	7.20		43.8	
加熱条件	100℃，1hr	115℃，0.5hr	100℃，1hr	115℃，0.5hr
たん白回収率％	12.1	14.2	22.2	32.7
ゼラチン％	0.63	0.73	2.14	3.33
ゼラチン /CP　％	24.3	26.6	62.9	66.6

3)　抽出時に生成するアク

エキスの抽出時に生成するアクは，牛原料の場合血液たん白質が脂質に付着して表面に浮上したもので，脂質が37.5％，たん白質1.8％の分析値がある．血液たん白質に含まれる鉄イオンが油脂の酸化を促進するため風味が劣化する．また，スープの清澄度の低下，生臭みの生成などを招くため，アクを除去することは重要である．

4)　エキスの風味を改善する香味野菜

エキス製造時に，玉ねぎ，しょうが，セロリなどの香辛野菜を加えて加熱すると得られるエキス，すなわちスープの風味が改善される．これは，香辛野菜の風味付与以外にも，畜産原料由来の不快臭を改善することが認められている．これは，加える野菜に不快なアルデヒドなどの油脂の酸化によって生成する成分が減少するためである．

チキンエキス（スープ）製造時にセロリを加えると，スープの風味が著しく改善されることも認められている．この効果はセロリに含まれるフタライド類に起因する．

畜産エキスの製造において，このような香辛野菜と共に煮込み抽出することは風味の改善と安定化のために有効な方法である．

5)　水産エキスの原料と製造工程

水産エキスの原料と製造工程の関係で，製造法を次のように3つに分類できる．

① 魚や水産加工場の副生産物を原料として抽出・濃縮する方法.

② まぐろの缶詰製造時の煮汁，ほたてガイ貝柱製造時の煮汁，かつお節製造時の煮汁を原料として精製・濃縮する方法.

③ かつお節やこんぶのような古くから「だし」原料として使用されているものから抽出・濃縮する方法.

特に節類は，かつお節を例にとれば，原料かつおの脂肪含量2％

程度のものを原料として，a 生切り，b 籠立て，c 煮熟・放冷，d 骨抜き，e 焙乾・あん蒸，f **荒節**，g 表面削り，h 黴付け・日乾，i **枯節・本枯節**の工程を経て製造される．一般に荒節の段階のものがエキス原料として使用され，粗砕またはフレーク状にして使用される．

6) 畜産・水産エキス製造への酵素の利用

畜産エキスや水産エキスの製造に際して，たん白分解酵素が使用される場合がある．その目的は，エキス収率の向上，粘度の低下，油分の分離であるが，苦味や濁りを生成しないよう注意が必要である．プロテアーゼを使用する場合の要点を**表 2.10** に示す．

表 2.10 エキス製造へのプロテアーゼの利用

	プロテアーゼ			
種類	エンドペプチダーゼ		エキソペプチダーゼ	
	たん白の中間から分解するためたん白の可溶化に有効，但し苦味が生成し易い．本酵素は，一般に *Bacillus* 属菌由来の酵素に含まれる．		たん白の端から分解するため，アミノ酸を生成し呈味が強化される．麹菌由来のプロテアーゼ（エンド型も一部含む）に含まれる．*Aspergillus oryzae*, *Asp.niger* 由来．	
使用目的	収率の向上	呈味の向上	粘度の低下	その他
	エンド型が有効，抽出残さの分解に用いる．濁り物質が生成する．	エキソ型の酵素が有効．遊離アミノ酸が生成する．	ゼラチン（コラーゲンの変性物）の分解で低温でのゲル化が防止される．	エンド型での処理により油脂分が分離されやすくなる．

7) エキスの濃縮

抽出したものの風味をそのまま残したストレートエキスは，外食店などで使用される．ストレートまたは低濃度濃縮したものや抽出液を膜濃縮（RO膜）したものを，高温短時間殺菌し充填包装した製品，冷凍流通品も開発されている．特に，かつお節エキスなどでは微妙な風味が要求されるためこの種の製品が多い．一般のエキスは，真空ワンパス式の濃縮器により濃縮し，風味成分をできるだけ残存させるように工夫するのが一般的である．

2.2.2　魚醤油（魚醤）

エキスの分類において水産エキスに分類される魚醤油つき，伝統的なものと新しい製法によるものについて述べる．

1)　伝統的な製造工程[11)]

魚醤油は「魚介類を原料として，塩を加えることによって腐敗を防止しながら保存し，これが主として原料に含まれる酵素の作用によって発酵し，筋肉の一部が溶けてアミノ酸に分解することを意図して製造した食品」と石毛氏は述べられている．このような魚醤油の一般的な製造法を**図2.2**に示した．

魚醤油では，ベトナムのニョクマム，タイのナンプラー，フィリッピンのパティスが有名である．また，ヨーロッパにおいても，古代ギリシャのローマにはガルムという小えびを原料とした魚醤油があったといわれている．

日本においても，延喜式にいわしを原料とした魚醤油の原型と考えられるものが記載されている．日本で現在まで続いている魚醤油としては，秋田のしょっつる，能登半島のいしる，香川のいかなご醤油が有名である．魚醤油の国内市場は，国内で工業的に生産されているものが2015年1,807トン，しょっつる，いしるなどの家内工業的に生産されているものが200トン，海外の魚醤油を輸入して2次加工したものや，近年北海道では年間600トンの新しいタイ

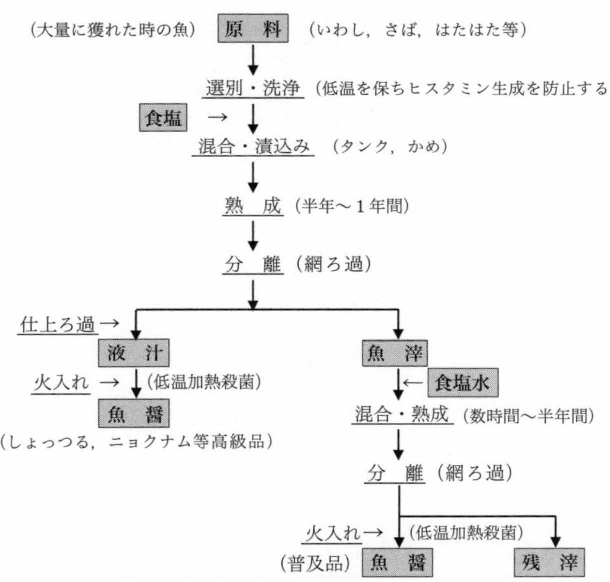

図 2.2　伝統的な魚醤油の製造工程

プの魚醤が販売されている．一方，ベトナムのニョクナムの生産量は，2008 年 220 千トンで 2001 年対比 158.1％に伸長しているとの報告がある[12]．

2)　新しい製造法[4, 12, 13]

近年公設試験研究機関や民間企業において，魚醤油に関する製造法の開発が進展している．これらの中には，日本古来の麹菌を利用したもの，各種の魚種の特徴を活かしたもの，品質，安全性を追求したものなどが特徴的である．それらの製造工程を**図 2.3** に，事例を**表 2.11** に示した．

魚介類，特に赤身魚といわれるさば，いわし，かつお，まぐろな

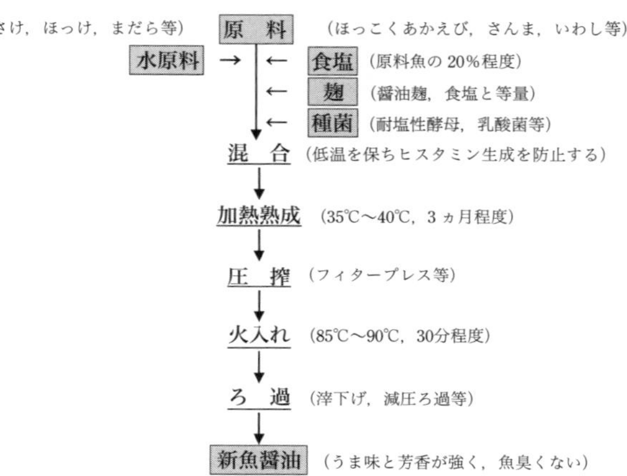

図 2.3 新しい魚醤油の製造法

表 2.11 魚醤油の新しい製造法の開発事例

タイプ	製造法の概要	文 献
新タイプ麹の利用	かつお節出汁粕，大麦，かつおエキスを用いて大麦麹を作り，これとかつおの頭・内臓，まだいの中骨などを原料にして発酵・熟成（45℃，75日）させた呈味性良好な魚介調味料.	横山[13)]
しろさけ魚醤油	しろさけを原料にして，大麦麹と耐塩性酵母，乳酸菌を用いて，アンセリン含量の多いしろさけ魚醤を製造．北海道各地で，ほたて，ひめます，さんまなど各種の新製法魚醤油が開発されて生産されている.	吉川[14)]
速醸魚醤油	さばを原料とするへしこの副生成物を利用し，食塩 15%，55℃，15時間発酵で，通常の1カ月発酵に相当する分解が進行し，微生物的なコンタミもなく，呈味アミノ酸の生成量も通常の魚醤並であり，ヒスタミン生成は低い.	宇多川[15)]
低酢酸・低ヒスタミン魚醤	徹底された管理体制（原料アンチョビの鮮度維持，屋内に設置された樽での発酵）での製造により，低酢酸，低ヒスタミン魚醤油を作る．本製品は食品への浸透力，マスキング力が強い.	長谷川[16)]

どには，遊離アミノ酸としてヒスチジンが多く含まれる．このヒスチジンから，海洋微生物または魚醤油の発酵中に繁殖する微生物の脱炭酸酵素によりにヒスタミンが生成する．このヒスタミンを高濃度（一般的には100 mg/100g）に含む食品を摂取した場合，アレルギー様反応で，顔面などの紅潮，頭痛，じんま疹，発熱などの症状を呈する．魚醤油のコーデックス規格においては，その基準値が40 mg/100g に定められた．

魚醤油の製造工程でヒスタミン生成に関与する微生物は，好塩性乳酸球菌の *Tetragenococcus* などが関与することが明らかにされており，これらの関与を防止するための製造法として，乳酸菌スターターの活用[17]や高温（55℃）短時間発酵法[15]，ベントナイト吸着法が有効とされている．また，原料魚体の鮮度管理や製造環境の衛生的管理を適切に行うことも重要である．

2.2.3　農産エキスの製造工程

農産エキスの製造工程の事例を**図 2.4** に示した[5]．

1）　製造の特徴

農産エキスには，野菜エキス，きのこエキスが含まれるが，大略製造法は同一であり，製造工程のうち，ブランチングはカタラーゼ，パーオキシダーゼなどの酵素失活によって品質の安定化を図ることにある．同時に殺菌効果もあって，その後の工程を安定的に進めるためにも重要な工程である．

ブランチングの加熱時に生成するアクを除去する．このアクには，えぐ味の原因になるホモゲンチジン酸やシュウ酸，苦みの原因になるアルカロイドなど，また渋味の原因であるタンニン系物質などが含まれている．

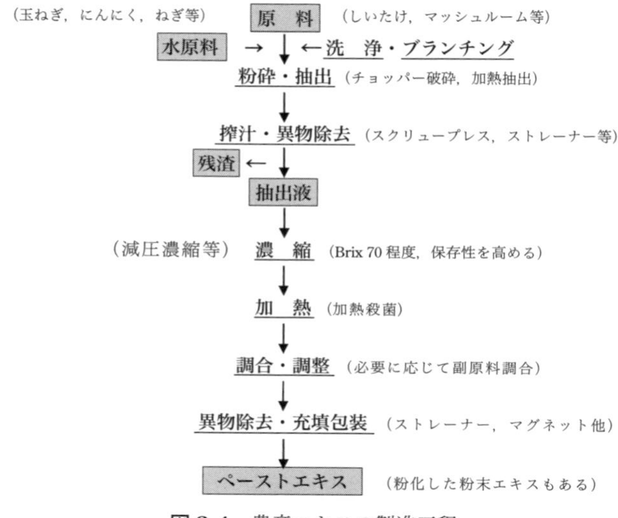

図 2.4　農産エキスの製造工程

2）　製造に利用される酵素

野菜類の細胞壁や，細胞間物質を分解して農産エキスの収率向上，粘度低下などのために下記の酵素が有効とされている．

「ペクチナーゼ」　起源：*Rhizopus sp., Aspergillus niger, Aspergillus sp*
　　効果：細胞間物質の可溶化，清澄化，ろ過促進，

「セルラーゼ」　起源：*Aspergillus niger, Trichoderma viride, Trichoderma reesei*
　　効果：エキスの抽出率向上，エキスの粘度低下

3）　しいたけエキスのグアニル酸

しいたけは60～70℃の微酸性の水で煮出すとうま味が増すことが経験的に知られている．このしいたけのだし中に含まれるうま味

の主成分がグアニル酸であることがわかったのは昭和35年頃のことである．グアニル酸の増加は水戻し後の加熱調理により起こるが，その原因はホスファターゼとリボヌクレアーゼの熱安定性の差によるものである．脱リン酸酵素であるホスファターゼは60℃前後で失活するが，RNA（リボ核酸）より5′-グアニル酸を生成するリボヌクレアーゼは熱耐性があり70℃付近でも活性を維持しているためである．

このグアニル酸は干しいたけ1gあたりから1～2mg煮出すことができる．うま味成分のグアニル酸は，生しいたけや干しいたけそのものには遊離の型としてはわずかしか含まれておらず，大部分がリボ核酸の構成成分として存在している．リボ核酸からのリボヌクレアーゼの作用でグアニル酸が生成するが，この酵素は比較的熱に安定なので，60～70℃で煮出すという調理上の経験は科学的にも裏付けされたものといえよう[18]．

2.2.4　酵母エキスの製造工程

1)　製造の特徴

酵母エキスの歴史は古く，肉エキス（Beef extract）の代替物として欧米で広まった．微生物実験では酵母エキスは培地の栄養源としてビタミン，アミノ酸源として利用される．同時に，ヒトの栄養補給剤として古くから利用されている．

原料は既に述べたように，ビール酵母，パン酵母，トルラ酵母が主体である．ビール酵母原料では，自己消化法と酵素分解法，パン酵母も同様に自己消化法と酵素分解法であるが，グルタミン酸等の特定のアミノ酸を生成させた後，加熱抽出する方法も開発されている．トルラ酵母原料の場合は，酵素分解法と加熱抽出法で製造され，グアニル酸，イノシン酸，グルタミン酸含量が高いのが特徴である[6]．

一方，酵母エキスで問題にされる酵母臭は，ビール酵母，パン酵母の自己消化法で強く，酵素分解法および加熱抽出法では比較的弱い．トルラ酵母原料の場合は，一般的に酵母臭は少ない．近年酵母臭は一般的に低いものが主体になっている．

酵母エキスの一般的製造法を**図 2.5** に示す．

ビール酵母，培養酵母などを食塩添加によって浸透圧を上げ，またはヒートショックによって，酵母菌体を破砕して自己消化を促進させる．この操作によって酵母菌体内の成分が溶出される．これらの成分が，酵母自身の酵素によって自己消化されて呈味成分が増加する．次いで，細胞壁などの不溶解成分を除去することにより，水溶性のアミノ酸，ペプチド，核酸関連物質やミネラルなどの呈味成分を含む酵母エキスが出来上がる．

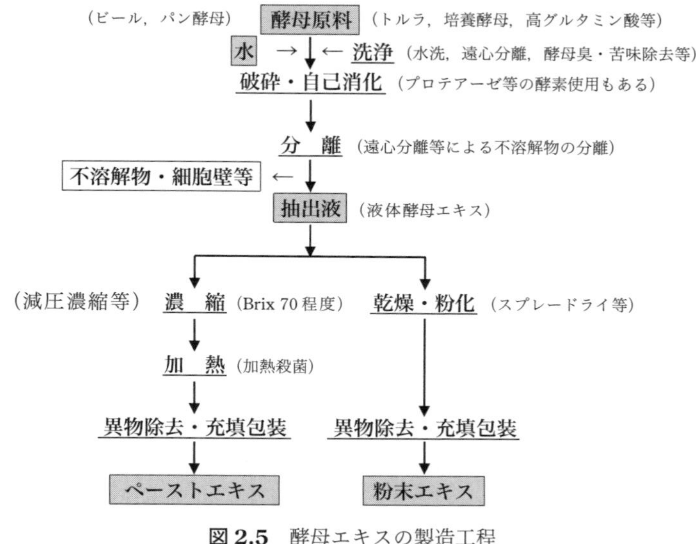

図 2.5　酵母エキスの製造工程

2) 酵素分解法を利用した製造

酵母の菌体成分にはたん白質，ペプチド，アミノ酸，ミネラル，核酸（RNA），細胞壁成分のグルカン，マンナンなどが含まれる．プロテアーゼやグルカナーゼによって，菌体が溶菌されてエキス成分が増大する．プロテイナーゼやペプチダーゼによってペプチドやアミノ酸が増大する．さらに，グルタミンが脱アミノされてグルタミン酸が生成する．

乾物換算で数％含まれるRNAをヌクレアーゼ，デアミナーゼの作用により，グルタミン酸ナトリウムとの間にうま味の相乗効果を有する5′-ヌクレオチド，GMP（グアニル酸）やIMP（イノシン酸）を生成させることが可能となる．酵母エキスの製造に酵素を応用した概念図を**図2.6**に示す[19]．

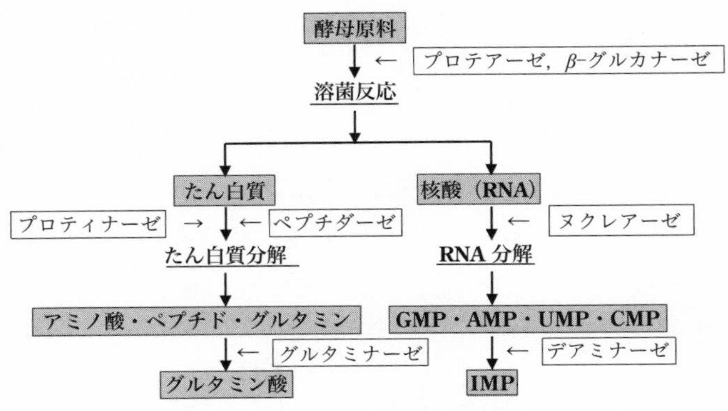

図2.6 酵母エキス製造への各種酵素の応用

3) 酵母エキスを用いたプロセスフレーバーの製造

酵母エキスは一般にプレーンな味であるが，グルタチオンなど含硫アミノ酸やペプチドを含むため，メイラード反応を応用した

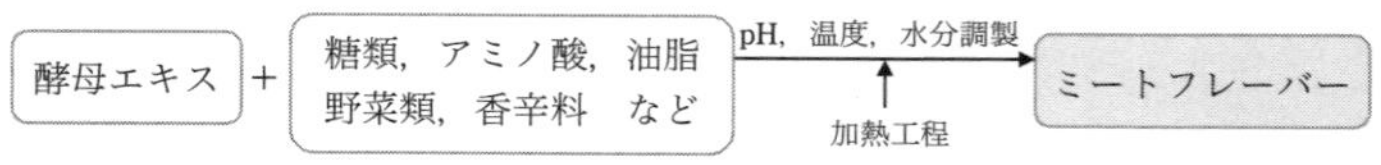

図 2.7 酵母エキスを用いたプロセスフレーバーの生成

プロセスフレーバーが開発されている．その概念図を**図 2.7** に示す．酵母エキスをベースに，糖類，アミノ酸類，油脂，野菜，香辛料などを加えて pH，温度，水分含量を調節して加熱することにより，ストレッカー分解やメイラード反応が起こり，ローストビーフ，ローストチキン，クッキング風味やグリル風味，すき焼き風味などが生成される．

メイラード反応は，糖—アミノ反応，アミノ—カルボニル反応とも呼ばれ，また褐変化現象の面から非酵素的褐変反応とも呼ばれる．この反応は，アミノ酸のアミノ基と還元糖のカルボニル基が脱水縮合することにより反応が開始され，それに引き続いて起こる一連の反応の総称である．メイラード反応の中期で生成するα-ジカルボニル化合物は，ストレッカー分解を受けてアミノレダクトンとアルデヒドに変換される．これらの複雑な反応により，フラノン系，ピロール類，ピラジン類，チオフェン類などのミートフレーバーの主要成分が生成する．

2.2.5 たん白加水分解物の製造法

たん白加水分解物は，食用の動植物たん白質を，酸やプロテアーゼなどの酵素によって分解して，アミノ酸やペプチドを生成させたものである．したがって呈味性はこれらの分解生成物の種類と量によって左右される．同時に，原料に含まれるたん白質以外の糖類などの成分によって，微妙な香気成分が生成するため，各々特徴のある調味料となっている.

1）酸加水分解と酵素分解

酸分解は，脱脂大豆などを原料として一般に高温下での塩酸分解によって行われ，アルカリで中和されるため，多量の食塩が生成するのが特徴である．分解液は苛性ソーダなどで中和した後，不溶解成分はヒューマス（酸性不溶物質）として分離し，精製，濃縮，粉化などによって製造される．本法による調味料は，たん白からのアミノ酸生成率やたん白質の利用率が高いなどの特徴がある.

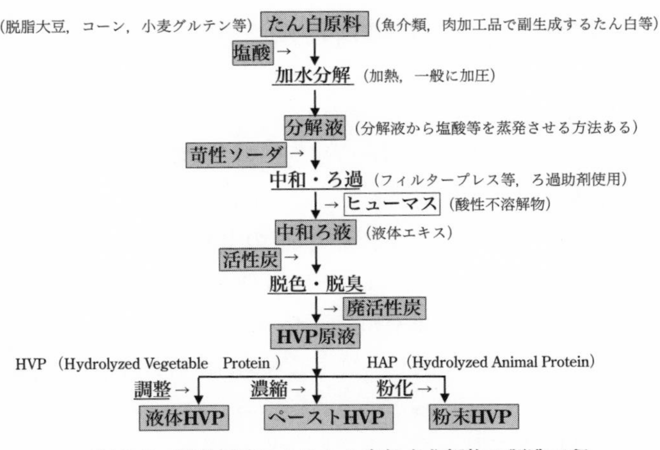

図 2.8　酸分解法によるたん白加水分解物の製造工程

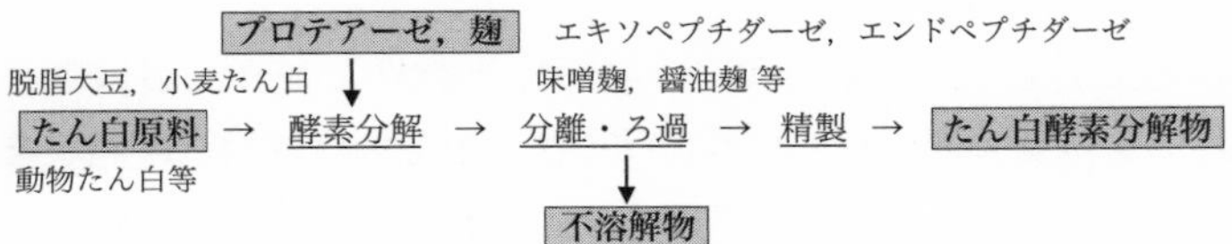

図 2.9　酵素分解法によるたん白分解物の製造工程

また，中和前に減圧濃縮などにより，塩酸や揮発性酸類の一部を除去した後，中和・精製して製造される場合もあるが，製造コストが高くなる問題点がある．

一方の酵素分解調味料は，日本の伝統的調味料であるみそ，しょうゆでみられるように，たん白質分解酵素で分解して製造するものであり，アミノ酸生成率は一般的に低いが，ペプチドの生成が多い．また，後述のクロロプロパノールの生成が無い，食塩含量が低いなどの特徴を有する．これらの調味料の一般的な製造のモデルを**図2.8**，**2.9**に示した．

2）酸分解調味料とクロロプロパノール

食品中に含まれるクロロプロパノールは，3-クロロプロパンジオール（3-MCPD）と1,3-ジクロロ-2-プロパノール（1,3-DCP）である．1970年代の後半に酸加水分解物に副生成物として，少量の3-MCPDや1,3-DCPが生成することが明らかになった．

JECFA（FAO/WHO合同食品添加物専門家会議）によるクロロプロパノールの安全性評価結果では，3-MCPDはin vitroの遺伝毒性試験で陽性を示すものの，in vivoの遺伝毒性は認められないことから閾値の設定は可能と結論し，暫定最大一日耐容摂取量を2 μg/kg体重/日とした[20]．

一方，1,3-DCPでは，ラットで肝毒性が認められ，発がん性試験でも陽性であったが，高摂取群における推定摂取量から判断して，ヒトの健康への懸念は低いとしている．

Codex委員会（FDAとWHOが1963年設立した食品の国際基準（コーデックス基準）を作る政府間組織）は，2008年の第31回総会でクロロプロパノールの規制に関して，次の2点について採択した．

① 酸HVPを含むしょうゆ製品における3-MCPDの最大残留基

準を 0.4 mg/kg とする．

② 酸 HVP やそれを原料とする製品の製造過程で 3–MCPD を低減するための実施規範を採択した．酸分解時の温度と時間の低減がそのポイントである．

この実施規範は，日本の日本アミノ酸液工業会が開発した方法が採用されたものである．

日本のアミノ酸液は，前記の製造工程の HVP 液に相当するものである．日本では 100 年以上の歴史を有し，広く食品に利用されている．クロロプロパノール問題が発生すると，いち早く低減製造法の検討を行い，工業的低減法を確立している[21]．これは，分解工程の精密な管理により，クロロプロパノールの生成量を極力少なくすると共に，アルカリ処理によって生成したクロロプロパノールを分解する方法である．この方法によれば，条件によって異なるが 3–MCPD の生成量が従来法の 1/100 ～ 1/1000 に低減することができる．

その他の酸分解調味料の製造においても本低減法が採用されている．

2.2.6 シーズニングオイルの製造法

シーズニングオイルは香味油とも呼ばれ，エキスの抽出時に生成する油脂が利用される．また，動植物油脂とにんにくなどの各種食品素材との混合物を加熱して，香味成分を油脂に溶解させたものである．このシーズニングオイルの製造工程を**図 2.10** に示す[22]．

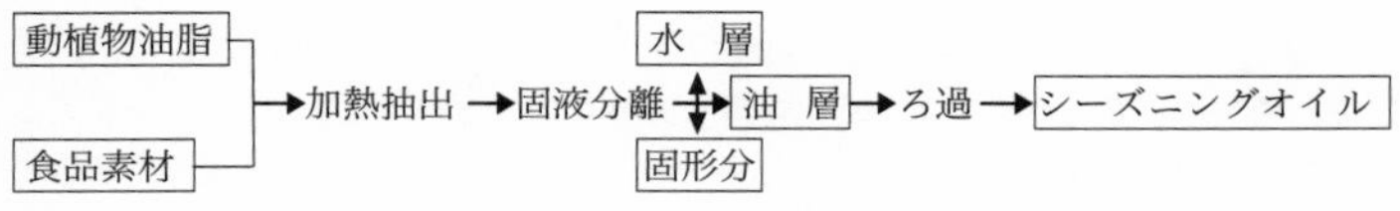

図 2.10 シーズニングオイルの製造工程

表 **2.12** シーズニングオイルの種類

辣油（ラー油）	唐辛子などの香辛料を植物油で抽出する．四川料理にあう
ガーリックオイル	にんにくとオリーブオイルを加熱する．炒め物，ラーメン，パスタ
葱油（ねぎ油）	ねぎ（主体）とにんにくとを植物油で加熱する．炒飯，焼きそばなど
麻油（マー油）	焦がしたにんにくをごま油で加熱する．ラーメン，炒飯などにあう
蝦油（えび油）	えび殻の水分を飛ばしてから植物油で加熱する．パエリアなどに良い
鶏湯（チー油）	鶏皮にねぎ，しょうがを加えて煮だした油分．ラーメン，炒飯にあう

畜産系エキスを抽出して分離された油脂分は，香味成分を含有するため，精製してシーズニングオイルとして利用される．

風味を持つ植物油として，ごま油，オリーブ油があり，にんにく，ねぎなどと加熱した各種シーズニングオイルがある．それらの概要を**表 2.12** に示す．

文 献

1) 椙山博之，"畜産系エキス"，月刊フードケミカル (6), 25 (1995)
2) 佐藤慶和，"改訂版天然調味料総覧"，p.58, 食品化学新聞社 (2005)
3) 川越超次，"改訂版天然調味料総覧"，p.56, 食品化学新聞社 (2005)
4) 吉川修司，"北海道産魚醤油「雪ひしお」の現状と今後"，月刊フードケミカル，(2), 28 (2014)
5) 螺澤七郎，"野菜エキス調味料の近況"，ジャパンフードサイエンス，**54**(9), 21 (2015)
6) 鈴木睦明，"酵母エキスの役割と機能"，月刊フードケミカル，(6), 26 (2016)
7) 野中雅彦，"タンパク加水分解物の調味素材としての有用性"，月刊フードケミカル，(10), 60 (2016)
8) 越智宏倫，"天然調味料"，p16, 光琳 (1993)

9) 水野雅之ら，“廃鶏中抜き屠体から常温流通丸鶏エキス製造プロセスの開発”，日本農芸化学会誌，**78**(5), 494 (2004)
10) 前田正道，“鶏骨を原料とする酵素分解エキスの製造”，食品工業，(12), 62 (2005)
11) 道畠俊英，“国内外の魚醤油と能登のいしりについて”，醤油の研究と技術，**41**(5), 307 (2015)
12) 杉山秀樹，“日本と世界の魚醤 - 現状と課題 - ”，世界魚醤フォーラム基調講演 (2011)
13) 横山定治，“新しいタイプの麹を用いる魚介調味料”，ジャパンフードサイエンス，(9), 34 (2006)
14) 吉川修司，“大麦麹と耐塩性微生物を用いて調整したシロサケ魚醤油の開発”，日本食品科学工学会誌，**52**(6), 281 (2006)
15) 宇多川隆，“速醸魚醤油の開発のその利用” 日本醸造協会誌，**107**(7), 477 (2012)
16) 長谷川直樹，“低酢酸，低ヒスタミン魚醤”，食品化学新聞，1 月 17 日号 (2013)
17) 里見正隆，“魚醤油のヒスタミン蓄積機構と除去法について”，日本醸造協会誌，**107**(11), 842 (2012)
18) 澤田嵩子ら，“シイタケの加熱調理過程における核酸関連物質の変動”，日本家政学会誌 **41**, 407 (1990)
19) 豊増敏久，“酵母エキス生産における酵素の有効利用”，月刊フードケミカル，(11), 39 (2010)
20) 食品安全委員会，“食品中のクロロプロパノール類の概要”，食品安全委員会 HP, 2010.3.15 作成
21) コーデックス食品規格リスト（CAC/RCP 64-2008).
22) 鈴木修武，“大量調理における食用油の使い方”，p95, 幸書房 (2010)

第3章　天然系調味料製造の設備と装置

天然系調味料は，抽出・分解，分離，精製，濃縮，調合，殺菌，乾燥，造粒，充填・包装などの各工程を経て製造される．これに関連する設備・装置・機器について解説する[1,2]．

3.1　抽出・分解工程

天然系調味料製造の第一段階は，天然の食品原料に水を加えて煮熟，抽出して風味成分を抽出することである．また，種類によっては塩酸や酵素による分解を行うものもある．この場合の設備には，次の2種類が一般に用いられている．

・**回分式常圧抽出装置**：加熱用ジャケットやコイルを内蔵したもので，抽出槽に原料と水を入れ90℃以上で抽出（煮熟も行う.）を行う．必要に応じて撹拌も行う．
（かつお節や煮干しなどから良質な抽出液をとる場合は常圧抽出法がとられている.）

・**回分式加圧抽出装置**：抽出槽を密閉耐圧構造として間接加熱により，内部蒸発した蒸気により槽内を加圧状態（1～2 kg/㎠）にして抽出する．これは，鶏ガラや豚骨などを原料とするエキスの抽出に用いられる．

塩酸によるたん白加水分解物の分解は，グラスライニングしたこの種の抽出装置が使用される．

・**超臨界流体抽出法**：高圧と一定の温度下で，炭酸ガスを液化してかつお節，香辛料などの香気成分を効率よく抽出できる[3].

・**超高圧処理装置**：静水圧で 100 MPa の圧力下で，抽出・酵素分解・自己消化を行う．細菌の働きが抑制され，水の素材への浸透・浸漬効果が促進される．食塩無添加でも製造中の細菌の繁殖を防ぐことができる[4, 5].

3.2 分離工程

抽出終了後，抽出エキスと残渣（抽出粕）とを分離する工程で，必要に応じて油脂分なども分離される．

・**金網かご方式**：金網かごに原料を入れて，抽出槽に搬入して抽出し，抽出後金網を吊り上げて大きい不溶解の残渣を分離する．

・**湿式振動篩**：振動篩によって固液分離を行う．

・**竪型遠心分離機，横型遠心分離機**：遠心分離によって固体が下層に沈殿し，液部が上部より分離される．大型固形分を除去した後に使用される．

・**スクリュープレス**：スクリューで加圧プレスして固液を分離する．

・**シャープレス型超遠心分離機**：固形分の少ない油分を含む抽出液を超遠心で回転分離して液，沈殿物，油分の三相に分離する．

・**自動排出型三相分離機**：自動排出できる固，液，油分の三相分離機.

3.3　ろ過工程

抽出残滓と油分を分離した抽出液から微細な不純物を除去する工程である．

- **ろ過槽式**
- **フィルタープレス**
- **回転型ろ過機**

抽出液の性質により，ろ過圧を加圧式か真空式にするか，処理量により回分式か連続式か，清澄度によりろ過助剤を使用するかを決める．食塩含量などにより材質を決める．

3.4　濃縮工程

エキスの水分を除去してエキスの固形分を高くする．香気成分を散逸しないように低温で濃縮する．発泡に注意し，エキスの粘度が高過ぎないようにすることと，香気成分の保持に注意する．ペースト製品の製造と乾燥工程に入る前段階で濃縮する．

- **常圧濃縮法**：常圧濃縮法で調理の煮熟に相当し，コンビーフエキスで使用される．
- **真空，減圧濃縮法**：真空蒸発法で各種の方式がある．使用頻度は高い．
- **真空凍結乾燥法**：凍結した後真空下で乾燥する．風味成分の散逸は少なく，形状も元のままに保たれる．エネルギーコストは高い．
- **液循環型濃縮装置**：自然循環型，カランドリア型，強制循環型で運転操作は安定しているが，濃縮エキスの仕上がり濃度に問題があり，高濃度までは濃縮できない．

- **ワンパス型濃縮装置**：モノチューブ型とプレート式がある．液が定量ポンプで一定量ずつ熱交換器に供給され，熱交換器1個だけの通過加熱により濃縮される．香気成分の保持が良い利点がある．一般のエキスの濃縮に最も良く用いられる装置である．
- **凍結濃縮法**：溶質が凍結し難いことを利用した濃縮法，風味の散逸は極めて少ない．香気成分の変化も少なく，回収率は高い[6)]．
- **膜濃縮法**：逆浸透膜によるかつお節エキスなどの濃縮，熱をかけないで水分のみを分離する．また，HVPの脱色にはNF膜（ナノフィルトレーション膜）が有効．

3.5　乾燥・粉化工程

エキス調味料の保存性の向上，粉体食品への利用性を高めるために粉末化される．この場合，賦形剤としてデキストリン，アラビヤガムなどを使用する．調味料粉体では風味保持や吸湿性防止，流動性の向上が要求される．

- **常圧熱風乾燥法**：エキス単独の乾燥には不適，農産品，水産品，エキスと他の食品の混合物などの乾燥に使用．棚式，バンド式がある．
- **流動層乾燥法**：熱風を直接原料に接触させて乾燥させるタイプ（直接加熱型）の乾燥機で加熱された熱風を，分散板から均一に吹き上げることで，分散板上の原料が流動化されながら乾燥される．連続式が一般的．
- **減圧フライ乾燥法**：果実や野菜のスライスのスナックなどに利用される．調味料では用途が限定される．

・**噴霧乾燥法**：液状原料をディスクまたはノズルで噴霧させて熱風で乾燥する．エキスの粉化に最もよく用いられる．賦形剤を使用して缶壁への付着防止と調味料の流動性向上を図る．

・**真空乾燥法**：エキスでは粘性の高いもの，風味の散逸を嫌うものに用いる．真空凍結乾燥，ベルト式連続乾燥機がある．乾燥後粉砕して使用する．

・**ドラム乾燥法**：2つの回転するドラムの間に液滴を落下させて，ドラムの熱で乾燥する．ロースト香が付与できる．また，真空ドラムドライもあり，乾燥効率が良く褐変も少ない[7]．

・**マイクロ波加熱乾燥法**：100 MHzを超える周波数での誘電加熱で，水分を含む原料の内部から乾燥されるため，効率の良い乾燥法である．調味料にはあまり利用されない．

3.6　混合・調合工程

エキスの混合・調合には液体と粉体の2種類があり，各種の液の混合，他の調味料や具材などを混合する場合がある．混合・調合の目的は味や香りの強化や物性改良することである．

・**回分式低速混合装置**：液体のエキスの混合に用いる．高速の場合は乳化が可能なマイクロスピードミキサーなどがあり，真空で撹拌・混合できる．

・**回転容器型混合機**：固体・粉体の混合に用いる．円筒混合機，ドラムミキサー，ロータリーミキサーがあり，原料を容器に入れて回転させて混合する．粉体の壊れは少ない．粉体の場合，原料は混合容器の容量の30％程度が一般的使用量．

・**固定容器型混合機**：スクリュー混合機，リボン型混合機がある．

3.7 造粒工程

粉体エキスの流動性，吸湿性，溶解性の改良のために行う．一般的にはデキストリンなどの賦形剤を用いる場合が多い．顆粒化の目的と製品の販売価格，設備費，生産量，品種数などを考慮して造粒方法を選択する．

- **乾式圧縮解砕造粒機**：原料をロール等で圧縮して成型後，解砕・篩分して作る．賦形剤が不要な場合が多いが，溶解性の改良とワンパス収率の向上が課題である．
- **撹拌造粒機**：粉体を混合しながら，水または結合剤を添加して撹拌凝集で粒子を作り流動層乾燥機などで乾燥・整粒する．バッチ式と連続式（シュギー法）がある．
- **流動層造粒機**：液体エキスの乾燥にも使用されるが造粒も可能である．粉体を空気で流動させながら，水または結着液をスプレーして粒子を成長させ，乾燥・造粒する．一般的にはバッチ式が多く，多品種生産に適している．製品の溶解性は良いが壊れやすい．
- **押出造粒機**：粉体に加水して混錬後，スクリーンあるいはダイスで押出して成型造粒後，流動層乾燥機で乾燥し，解砕，整粒して顆粒を作る．見かけが良く風味調味料などの造粒に用いられる．
- **転動造粒機**：粉体を連続的に供給して回転ドラム，転動皿，振動機で分散させながら，水または結合剤を噴霧して凝集・造粒した後，乾燥する．
- **破砕造粒機**：乾式造粒または圧縮造粒法で得られたブリケット，またはコンパクティングを破砕・整粒して顆粒化する．

3.8 殺菌工程

エキスの保存性と安全性確保のために，微生物を殺菌する工程で加熱殺菌が一般的である．充填の前工程で殺菌する．褐変や風味の劣化を防止することが重要である．

・**液体連続殺菌装置**：液状エキスの殺菌に適する．プレート，チューブなどの方式がある．「プレート式殺菌装置」は省エネが図られ，歩留まり向上と長時間連続運転が可能．プレートを介して殺菌される．
超高温加熱処理法は，通常 120～150℃，1 秒以上 5 秒以内で殺菌する方法．
UHT 法（Ultra High Temperature Heating Method）とも呼ばれる．
「チューブ式殺菌装置」は液体から高粘度液，固形分・繊維質入りなどの製品の殺菌も可能．各種エキス調味料の殺菌に用いられる．「スピンジェクション式殺菌装置」は，直接蒸気加熱方式の殺菌装置で，焦げ付きや過加熱のない高品質な製品が得られ，連続運転が可能．

・**高温高圧調理殺菌装置**：いわゆるレトルト殺菌装置であり，熱水スプレー式，熱水貯湯式，蒸気式の 3 タイプがある．袋詰めした後レトルト殺菌を行う[8]．

・**ジュール加熱殺菌装置**：ジュール加熱は，一般的には通電加熱やオーミック加熱と呼ばれ，食品を急速に均一に加熱すること，食品のもつうま味成分，本来の風味や色や食感を損なう事なく加熱するシステムである．

・**粉粒体殺菌装置**：粉粒体を過熱水蒸気により連続的に瞬間（4～5 秒）殺菌する装置．

3.9　充填・包装工程

エキス調味料製造の最終段階として，充填包装工程がある．バルク製品は 5～20 kg 包装，小袋として販売する場合には 1～1,000 g 程度の包装となる．

・**顆粒，粉体自動充填包装機**：高速ロータリー包装機で 4 方シールの大量生産向け．

・**液体，粘体自動充填包装機**：多品種・大量生産型，高速ロータリー式の包装機．

・**スティック自動充填包装機**：オーガー計量機搭載，液・粉体のスティック包装機．

・**無菌充填包装機**：ピローパウチ無菌充填包装機など，ロールフィルムを機内で連続滅菌し，各種の液・粘体物をペッドスペースなしで無菌充填する．スタンディングパウチ方式もある．低濃度スープ，だしなどで使用される．

・**バッグインボックス充填機**：プラスチック製の内装容器と段ボールケースを主体とする外装容器から構成される．液体用（一部には粘体や固形入り液体用）の組み合わせ容器もある．2～20 L の液体エキスのバルク製品に多用されている．

文　献

1)　越智宏倫，“天然調味料”，p.77, 光琳 (1993)
2)　中川公一，“改訂版天然調味料総覧”，p.111, 食品化学新聞社 (2005)
3)　吉田隆一，“改訂版天然調味料総覧”，p.123, 食品化学新聞社 (2005)
4)　広島県，“調味料の製造方法”，特許第 3475328 号
5)　佐伯憲治，“超高圧処理装置「まるごとエキス」を利用した調味料の開発”，ジャパンフードサイエンス，**48**(9), 35 (2009)
6)　小谷幸敏，“凍結融解濃縮による調味料の開発”，調理食品と技術，**21**(3), 19 (2015)

7) 讃井眞一, “ドラムドライヤーによる食品乾燥技術”, 粉体と工業, **35**(12), 29 (2003)
8) 横山理雄, 田中 要編, “新しいレトルト食品開発ハンドブック”, p205, サイエンスフォーラム (2007)

第4章　天然系調味料と食品の風味成分

天然系調味料は，動物性・植物性原料や酵母の抽出物または分解物であるため，それらに含まれる風味成分をよく理解して，エキスの製造および使用面に活かすことが重要である．

古来より，日本ではかつお節やこんぶ，しいたけのだしが，中国では清湯（チンタン）・奶湯（ナイタン），白湯（パイタン），毛湯（マオタン），西欧ではフォンやブイヨンなどが調理の素汁として使用されてきた．エキス調味料はこれらの素汁を加工食品用，あるいは各種の調理用の基本調味料として使用しやすくしたものと言える．このような観点から，天然系調味料の味や香りなどについて解説し，そのおいしさや健康面への効果についても述べる．

4.1　食品のおいしさを構成している要素

4.1.1　おいしさと天然系調味料

食品のおいしさは，主観的なものであるが，**図4.1**のようにまとめられている[1)]．図に示すように，食品のおいしは，甘・酸・塩・苦・うま味の基本味に，辛味，渋味，コクなどが加わって味が形成され，香り，テクスチャー，色，音などの総合的感覚によって食味（フレーバー）が形成される．これらは，外部環境，食文化，生体状況によって影響を受ける．

このおいしさの中で重要な基本味は，甘味・酸味・塩味・苦味・

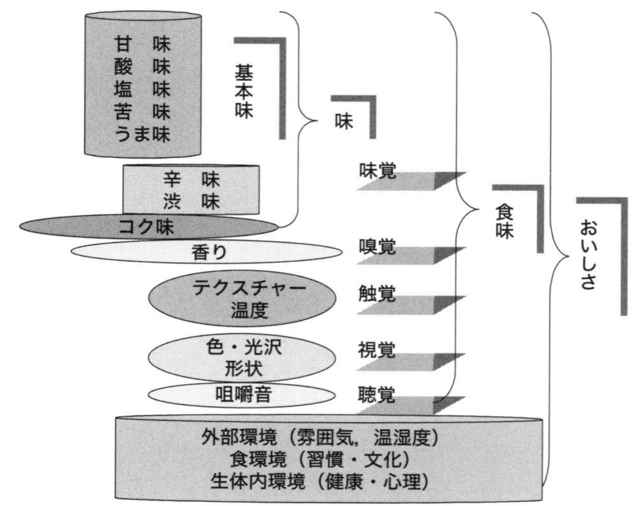

図 4.1 食品のおいしさ
（うま味の普及会資料[1]を一部改変）

うま味から成り立ち，その条件は「① 明らかに他の味と違う味である，② 普遍的な味である，③ 他の基本味を組合わせてもその味を作り出せない，④ 他の基本味と独立の味であることが，神経生理学的・生化学的に証明されうる味である.」とされている[2].

天然系調味料は味覚による味，嗅覚による香りを中心に，食品をおいしくするために用いられる．同時に，エキス調味料には，ヒトの健康に良いとされる成分も含有されており，おいしさプラス健康の観点から食品にとって有益なものといえる.

4.1.2 食品の味を構成する成分

天然系調味料に含まれる成分で味に関与するものは，**図 4.2** に示すようにグルタミン酸やイノシン酸のようなうま味物質が味の中

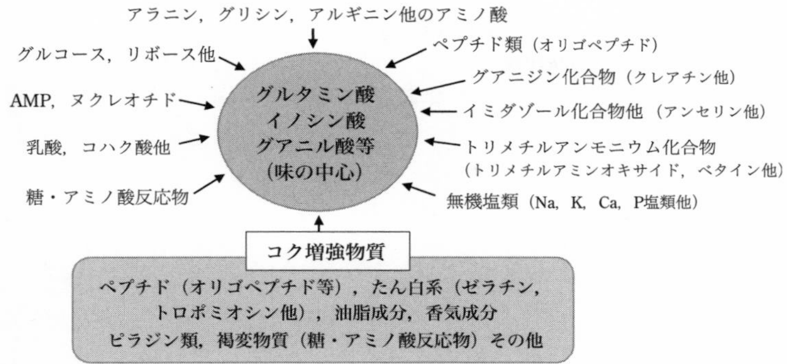

図 4.2 食品の味に関与する成分（まとめ）

心を構成し，その他のアミノ酸，ペプチド，ヌクレオチド，有機酸，有機塩基，糖類，無機塩類やメイーラード反応物質などが関与している．また，近年明らかにされてきたコク増強物質も天然系調味料の重要な成分であり，ペプチド，ピラジン，褐変物質などが関与している．

4.1.3 食品の旨み（旨味）とうま味について

食べ物の美味しさの中心は味であり，その中でもうま味が重要である．旨み（旨味）の用語は主観的評価によるものであり，うま味は味覚として生理学的，客観的に評価される．その関係を**表 4.1**に示す．

表 4.1 食品の旨み（旨味）とうま味[3)]

分　類	旨み（旨味）	うま味
表　現	旨い，美味しい＝形容詞 旨み（旨味）　＝名詞	うま味＝基本味の一つ
英　語	Deliciousness, Platability	UMAMI
評　価	主観的評価	生理学的，客観的評価

4.2　畜産エキス調味料の成分

畜肉とは牛，豚，馬，やぎであり鶏肉は家禽肉に属するが，ここでは牛，豚，鶏を含めて畜産エキスに含めることにする．

4.2.1　ビーフエキス

エキスの欧米における歴史は，1865年有名な科学者Liebigが栄養剤として開発した「Liebig Fleisch-Extrakt」に始まる．これは南米のコンビーフの製造で生成する煮汁を濃縮したものである．また，肉つきの牛骨を原料としたエキスも日本や米国，韓国などで製造されている．牛骨に香辛野菜などを加えて煮出して，スープストックに類似するエキスも開発されている．これらのエキスは，肉原料のものに比べて，核酸系の呈味物質が少ないのが一般的である．

コンビーフ製造時の煮汁から製造した輸入ビーフエキスの分析例[4)]を**表4.2**に示した．表のように，クレアチンとクレアチニンを含む総クレアチンが7%強含まれているのが特徴的である．これは，牛の筋肉を原料としたことの証明となり，牛肉エキスの取引の基準になっている．牛骨などを原料にした場合には，クレアチン含量や遊離アミノ酸，5′-イノシン酸などのヌクレオチド含量も低くなる．

一方，牛骨やビーフティッシュなどを原料としたビーフエキス調味料では，遊離アミノ酸や5′-ヌクレオチドやクレアチン含量は低く，原料由来のエキス成分や加熱抽出時に生成した香気成分を活用することになる．

表 **4.2**　ビーフエキスの分析例[4)]

	ブラジル産ビーフエキス		アルゼンチン産ビーフエキス	
水分	19.5 %		15.8 %	
食塩	3.93%		4.10%	
灰分	23.13%		21.31%	
全窒素	6.23%		6.41%	
総クレアチン	7.15%		7.21%	
5′-アデニル酸	265 mg/100g		268 mg/100g	
5′-イノシン酸	636 mg/100g		916 mg/100g	
5′-グアニル酸	10 mg/100g		22 mg/100g	
アデノシン二リン酸			12 mg/100g	
乳酸	210 mg/100g		220 mg/100g	
アミノ酸	mg/100g	%	mg/100g	%
アスパラギン酸	34.68	1.02	18.56	0.71
スレオニン	120.28	3.54	95.76	3.68
セリン	138.20	4.07	109.09	4.19
グルタミン酸	342.90	10.10	263.30	10.11
プロリン	88.36	2.60	68.38	2.62
グリシン	225.57	6.65	197.37	7.58
アラニン	985.11	29.03	764.25	29.33
シスチン	68.47	2.02	48.55	1.86
バリン	160.04	4.72	119.50	4.59
メチオニン	70.08	2.07	38.82	1.49
イソロイシン	89.07	2.62	73.16	2.81
ロイシン	156.92	4.62	130.14	4.99
チロシン	31.47	0.93	51.04	1.96
フェニルアラニン	225.30	6.64	73.12	2.81
リジン	184.65	5.44	124.13	4.76
アンモニア	282.72	8.33	262.19	10.06
ヒスチジン	98.16	2.89	40.64	1.56
アルギニン	91.48	2.70	127.57	4.90
合　計	3,393.46		2,605.57	

4.2.2　ポークエキス

ポークエキスでは豚肉を原料とするエキス調味料はほとんどなく，豚骨を原料とするものが主流である．

豚骨を原料としたポークエキス調味料の一般分析値を**表 4.3** に，遊離アミノ酸組成を**表 4.4** に示した[5]．

豚骨エキスの場合，遊離アミノ酸や5′-ヌクレオチドなどの，いわゆるうま味物質の含量は低く，ペプチドやゼラチン成分に加えて抽出過程で生成する香気成分がその調味料の特徴を示すものといえる．

表 4.3　ポークエキス調味料の分析例　一般分析（%）

水分	灰分	粗脂肪	全窒素	食塩	核酸系	総クレアチン	カルノシン	粗たん白
52.0	9.4	0.2	7.74	6.1	0.014	0.355	0.12	48.38

表 4.4　ポークエキス調味料の遊離アミノ酸組成（%）

リジン	ヒスチジン	アルギニン	チロシン	アスパラギン酸		スレオニン
0.01	0.01	tr	tr	0.01		0.01
セリン	グルタミン酸	プロリン	グリシン	アラニン	シスチン	バリン
0.01	0.03	0.02	0.03	0.04	0	0.03
メチオニン	イソロイシン	ロイシン	チロシン	フェニルアラニン		合計（%）
tr	tr	0.01	0.01	tr		0.22

次に，豚大腿骨を原料とする「豚だし」の呈味成分について分析した結果を示す．これは，豚大腿骨を二つに分割したもの 2.2kg と水 13.9kg を加えて，アクを除きながら 93 ± 2℃で 4 時間煮込んで濾して豚だしを調整した．そのだしを分析して，豚だしの味を再現できる組成を示したものである．その組成物と含量を**表 4.5** に示した[6]．

表 4.5　豚だしの呈味成分（mg/100g だし）

成　分	含量	成　分	含量	成　分	含量
タウリン	3.36	バリン	1.00	KH_2PO_4	8.79
スレオニン	1.11	ロイシン	1.11	$CaCl_2$	4.03
セリン	0.82	プロリン	1.48	KCl	26.1
グリシン	2.48	MSG	4.88	$MgCl_2$	3.34
アラニン	2.38	乳酸	20.0	NaCl	400

4.2.3　チキンエキス

1）　鶏肉エキスと鶏ガラエキスのアミノ酸

鶏肉エキスと鶏ガラエキスとのアミノ酸や核酸関連物質ヌクレオチドなどの呈味成分を分析した結果を**表 4.6** に示す[7]．

表は，鶏肉および鶏ガラの熱水抽出物（エキス）を固形分 2％に調整して，遊離アミノ酸と核酸関連物質を分析し比較したものである．肉とガラの差は明瞭であり，肉エキスの方がアミノ酸，核酸関連物質共に含量は高い．含有率（アミノ酸の組成）は比較的類似している．

2）　名古屋コーチンとブロイラーのエキス

沖谷先生が行った鶏肉の品種とスープ（エキス）の嗜好試験および遊離アミノ酸含量の分析結果を紹介する[8]．

名古屋コーチンとブロイラーのもも肉から常法によってスープを調製して，そのスープにつき 2 点嗜好試験を行った結果を**表 4.7** に示した．

うま味とコク（味の厚味と持続性）について，2 点の試料につき，より強いと判定した数を示している．この結果では，名古屋コーチ

表 4.6 鶏肉エキスと鶏ガラエキスとの遊離アミノ酸および核酸関連物質の比較

エキスの種類	鶏肉エキス		鶏ガラエキス	
アミノ酸	含有量 (mg/100g)	含有率（%）	含有量 (mg/100g)	含有率（%）
アスパラギン酸	1.41	3.78	1.44	5.53
スレオニン	1.58	4.24	1.12	4.30
セリン	1.54	4.13	1.93	7.41
グルタミン酸	4.24	11.38	5.25	20.14
プロリン	0.61	1.64	0.00	0.00
グリシン	1.86	4.99	2.00	7.67
アラニン	2.98	8.00	2.03	7.79
シスチン	0.99	2.66	1.14	4.37
バリン	1.49	4.00	0.89	3.42
メチオニン	1.17	3.14	0.73	2.80
イソロイシン	0.79	2.12	0.37	1.42
ロイシン	1.73	4.64	0.57	2.19
チロシン	1.37	3.68	0.64	2.46
フェニルアラニン	1.32	3.54	0.64	2.46
リジン	3.72	10.03	1.29	4.95
アンモニア	7.70	20.66	4.18	16.04
ヒスチジン	0.71	1.90	0.41	1.57
アルギニン	2.04	5.47	1.17	4.49
合　計	37.25		25.85	

核酸関連物質	mg/100g	mg/100g
5′-アデニル酸	1.09	—
5′-イノシン酸	6.88	0.76
5′-グアニル酸	0.17	1.52
アデノシン二リン酸	0.15	—
アデノシン三リン酸	—	—
合　計	8.29	2.28

表 4.7　名古屋コーチンとブロイラーもも肉から調整したスープの 2 点嗜好試験

評価項目	より強いとした判定数		検　定
	名古屋コーチン	ブロイラー	
うま味	58	78	有意差なし
コク（味の厚味と持続性）	55	81	有意差あり（p, 0.05）

注）名古屋コーチン：約 20 週齢　　ブロイラー：約 8 週齢

ンと比べブロイラーの方がコクが強いと判定された．

表 4.8 に示す各スープの遊離アミノ酸分析の結果では，ブロイラーでヒドロキシプロリン，グリシン，プロリンが有意に多く，肉中のコラーゲンが加熱によって低分子化し，一部はアミノ酸まで加水分解されたと述べられている．名古屋コーチンよりも若齢であるブロイラーでは，前者よりもコラーゲンが少ないにもかかわらず，熱可溶性ペプチドが生成しやすいため，コクの増強に寄与したとされている．

4.2.4　畜産エキスの基本呈味成分と香気との関係

牛，豚，羊および鶏肉などの基本的な呈味成分は極めて類似しており，これらのエキス成分の 2 次的な加熱反応によって，種に特異な香気成分が生成することが明らかにされている．

1）　畜肉の基本的な呈味成分としてのエキス

米国ではレッドミートフレーバー（Flavor of Red Meat）に関する研究が古くから行われており，I. Hornstein[9] は生肉とクックドミートから分離した成分の比較を行い，次のような興味深い結果を得ている．

a.　赤肉（牛，豚，羊）のフレーバー前駆物質は，生肉エキスの

表 4.8 名古屋コーチンとブロイラーもも肉から調整したスープの遊離アミノ酸含量

アミノ酸	含量（μモル/mLスープ）平均値（n=9）		検 定
	名古屋コーチン	ブロイラー	
アスパラギン酸	0.611	0.672	NS（有意差なし）
グルタミン酸	2.656	2.913	NS
ヒドロキシプロリン	0.049	0.157	*（p<0.05 で有意差あり）
セリン	1.071	1.527	*
アスパラギン	0.303	0.432	*
グリシン	1.118	1.911	***（p<0.001 で有意差あり）
グルタミン	1.889	2.348	NS
β-アラニン	0.198	0.366	*
ヒスチジン	0.173	0.210	NS
スレオニン	0.553	0.571	NS
アラニン	1.521	1.950	*
アルギニン	0.368	0.541	NS
プロリン	0.277	0.434	*
チロシン	0.248	0.316	NS
バリン	0.381	0.500	NS
メチオニン	0.159	0.209	NS
イソロイシン	0.202	0.281	NS
ロイシン	0.412	0.557	NS
フェニルアラニン	0.121	0.189	NS
リジン	0.860	0.981	NS
合 計	13.17	17.065	NS

低分子区分（透析される区分）に存在する.

b.　これらの3種の赤肉の透析区分の呈味性はほとんど類似した味を有する.

c.　この透析区分の加熱による非酵素的褐変反応によって，各肉独特のミートフレーバーが生成する.

d.　各肉に含まれる低分子区分以外の油脂成分を始めとする成分が，加熱され種々の反応が起こって各肉に特異なフレーバーを生成する.

2）　前駆物質の加熱によって生成するミートフレーバー

図4.3に示すようにアミノ酸，ペプチド，糖類などのエキス成分と脂質，たん白質などのフレーバー前駆物質（flavor precursor）が水の存在の下に加熱されることにより，ストレッカー分解，メイ

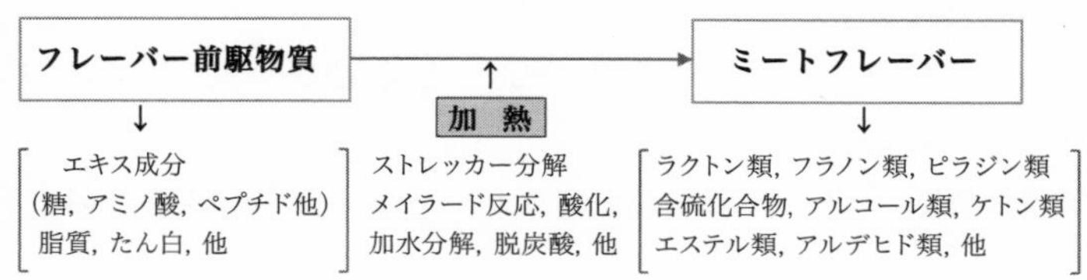

図4.3　フレーバー前駆物質とミートフレーバー

表4.9　食肉の香りの分類

大分類	中分類	小分類
生鮮香気		血液臭，酸臭
加熱香気	ボイル肉香気	肉様香気，水煮臭，脂肪臭で構成
	ロースト肉香気	肉様香気，ロースト臭，脂肪臭で構成
	動物種特異臭	マトン臭など（分岐脂肪酸，カルボニル化合物など）
	性臭	ボア臭など（アンドロステノン，スカトールなど）
	飼料臭	草臭など（ジテルペノイド化合物など）

ラード反応，酸化，加水分解，脱炭酸などの反応が起こり，典型的なミートフレーバーが生成する．

このフレーバー生成反応において，脂質を含まないエキス成分から，牛肉，豚肉，鶏肉に共通した基本的なミートフレーバーが生成し，脂質成分が加わって初めて牛，豚，鶏などの種に特異的なフレーバーが生成する．

松石先生は，畜産エキスと関係の深い食肉の香りについて，**表4.9** のように分類されている[10]．

3）畜肉の種類と風味

一方，日本においては沖谷先生らが牛肉，豚肉，鶏肉などには固有の味があると思われていたが，実験によるとこれら3種のスープ（エキスに相当）の味質は定性的に同じであることを認められている．**表4.10** のように5種の肉を用いたスープを作り，鼻孔を閉じて官能評価すると，正答率は14〜26％と低値になり，味で畜種は判定できないと結論されている．

鼻孔を閉じた場合は畜種の正答率が特に低く，鼻孔を開けると高

表4.10　加熱スープの動物種を判定したときの正答率と判定の根拠[8]

動物種	鼻孔を閉じた時の判定				鼻孔を開けた時の判定				
	正　答		判定根拠		正　答		判定根拠		
	数（人）	率（%）	味	その他	数（人）	率（%）	味	香り	その他
牛	5	14	4	1	10	29	4	4	2
豚	6	17	5	1	10	29	3	7	2
鶏	9	26	7	2	15	43	6	6	2
羊	5	14	2	3	23	66	2	22	1
合鴨	7	20	5	2	12	34	3	8	2

注）パネリスト合計35人，4回の試験を実施
　判定根拠は，それぞれの根拠をあげた正答率の数．

くなる．これは，種の特異性は香気に差があることを示している．

牛肉，豚肉，鶏肉のスープは味質は同じであるが，うま味と肉様の味は鶏が最も高く，牛が最も弱かった．牛では遊離のグルタミン酸と 5′-イノシン酸の含量が他より少ないことがその原因と考察されている．

4.2.5 畜肉エキスの香気成分

1) ビーフエキスの香気成分

加熱調理した牛肉の香気成分が 768 種類も同定されている．これ以外に，未確認の成分が 100 種類くらいあるとされている[11]．

加熱牛肉の特徴的香気成分として，3-(メチルチオ)プロパナールなどのアルデヒド類，2-エチル-3,5-ジメチルピラジンなどのピラジン類，メチル-3-フランチオールなどの含硫化合物，2-オクタノンなどのケトン類，1-オクテン-3-オールなどのアルコール類，トリデカンなどの炭化水素，ブタン酸などの酸類，2-アセチルピロールなどの含窒素化合物，その他ラクトン類などがあげられている．

鷲尾氏はビーフエキスの香気成分を解析して，重要な香気成分を

表 4.11 ビーフエキスの重要香気成分

香気成分	プロファイル	濃度(ppm)
2,3,5-トリメチルピラジン	ローストフレーバー，ナッツ様	0.185
1-オクテン-3-オール	ボイルミートフレーバー，マッシュルーム様	0.002
ベンズアルデヒド	アーモンド様香り，花の香り	0.169
フルフリルアルコール	甘い香り，発酵物の香り	1.144
3-メチルブタン酸	動物臭，チーズ様	12.745
2-アセチルピロール	甘い香り，カラメル様	4.705
4-ヒドロキシ-2,5-ジメチル-3(2H)-フラノン	甘い香り，ストロベリー様	5.210

表4.11のように報告されている．特に，太字で示した**2,3,5-トリメチルピラジン**，**1-オクテン-3-オール**，**3-メチルブタン酸**および**4-ヒドロキシ-2,5-ジメチル-3(2H)-フラノン**が，ビーフエキスの風味において最も重要であることを認めた[6]．

沖谷先生は，和牛肉の独特の香気成分は，甘い果物の香りを持つγ-ノナラクトン，γ-デカラクトン，δ-デカラクトン，δ-ウンデカラクトン，γ-ドデカラクトン，および果物の香りを持つデカナール，プロピオン酸ヘキシル，2-トリデカノン，脂肪様香気を持つジアセチル，アセトイン，*E*-2-ノネナール，*d*-リモネン，*E*-2-オクテナール，ヘキサン酸が豪州産牛肉と比較して多いことによることを認められている[8]．

2) 鶏ガラエキスの香気成分

鶏ガラを強火で煮込んだ鶏白湯の香気成分について，枚本氏が解析している[12]．この鶏ガラエキスは白濁しており，香りとしては，厚み感（body），油脂感（fatty），獣感（animalic）およびガラ感（bony）が強い．このエキスの香気成分を分析した結果を**表4.12**に示した．

この香気成分の分析は，抽出した香気成分をGC/MSおよびGC/Olfactometry分析，続いてAEDA法（Aroma Extract Dilution Analysis）によって解析したものである．この表でFD factorは，ある化合物の香りが検知されなくなった希釈倍率で，高いほど重要な香気成分といえる．ここでは，(*Z*)-1,5-オクタジエン-3-オール，ヘキサナールなどが重要な香気成分である．

3) 豚骨エキスの香気成分

豚骨エキス（豚だし）の香気成分についても分析されており，各

表 4.12　鶏ガラエキスの香気成分

香気成分	香気成分のプロファイル	FD factor
1-ペンタンチオール	甘い香り，オニオン様	8
ヘキサナール	青葉様	16
オクタナール	青葉様，新鮮，柑橘様	4
1-オクテン-3-オン	煮熟，ロースト，マッシュルーム様	2
(*Z*)-1,5-オクタジエン-3-オン	金属・青葉様，ゼラニウム様	2
3-エチルピリジン，2-エチル-5-メチルピラジン	ロースト香	2
ノナナール	青葉様，果物様	2
(*Z*)-1,5-オクタジエン-3-オール	金属・青葉様，木の実の皮様	256
デカナール	脂様，新鮮な	2
(2*E*)-ノネナール	脂様，動物様	4
アンデカナール	青葉様，脂様，西瓜様，花の香り	2
(2*E*)-デセナール	脂様，バラ様，青葉様	4
2-メチル酪酸，イソバレリアン酸	酸臭	4
ヘキサン-1,4-オリド，(2*E*,4*E*)-ノナジエナール	スープ様，甘い香り，米様	8
2-アセチルチアゾリン	甘い香り，ロースト，ナッツ様，米様	4
(2*E*,4*E*)-デカジエナール＋未同定物質	チキン様香気	8
グアイアコール	フェノール，クレゾール様	4
(*E*)-4,5-エポキシ-(*E*)-2-デセナール	柑橘，青葉様，草様	4
ソトロン	ハーブ・スパイス香	4

成分の官能評価により**表 4.13** に示すように，15 種類の重要香気成分が指摘されている[6]．なかでも，アセトール，オクタン酸，δ-デカラクトンおよびドデカン酸の 4 成分は，豚だしの風味を表す成分として最も重要であることが報告されている．

表 4.13　豚骨エキスの重要な香気成分

香気成分	香気成分のプロファイル	濃度(ppm)
アセトール	マッシュルーム様，青臭い，ふくよかで複雑な持続性のあるボイル肉様風味	0.74
ノナナール	脂様，苦い	0.01
酢酸	酸っぱい	0.04
ベンズアルデヒド	アーモンド様，ロースト香	0.50
1-オクタノール	脂様，酸化油様	2.60
3-メチルブタン酸	酸臭，動物臭，チーズ様	0.03
2-ペンタデカノン	甘い香り	0.06
オクタン酸	油臭，青臭い，刺激臭，ふくよかで複雑なボイル肉様風味，脂様の軽い香り	1.10
ノナン酸	ワックス臭，脂肪臭	0.04
δ-デカラクトン	甘い香り，ミルク様，油脂様の軽い風味	0.77
パルミチン酸メチル	甘い香り	2.20
デカン酸	脂肪臭，甘い香り	6.50
ドデカン酸	樟脳様，ふくよかで複雑なボイル肉様風味，油脂を強調する風味	1.00
5-（ヒドロキシメチル）フルフラール	かび臭	0.20
バニリン	バニラ香	0.10

4.3　水産エキス調味料の成分

水産エキスには，魚類・貝類・甲殻類を原料とする魚介類エキス，海藻を原料とする海藻エキスに加えて，魚醤（魚醤油）が含まれる．これらの風味に関与する成分について解説する．

4.3.1　水産エキス調味料の分析値

あじ，ほたて，えびエキス調味料の分析例を**表 4.14** に示した．魚介類エキスでは原料由来のアミノ酸と核酸系の呈味成分が重要である．アミノ酸では，グルタミン酸をはじめ，ヒスチジン，アルギニン，グリシンなどが重要である．核酸系の 5′-イノシン酸（IMP），5′-アデニル酸（AMP）は生体の筋肉活動の源として重要であるアデノシン三リン酸（ATP）から**図 4.4** に示す経路で生成される．

表 4.14　魚介類エキス調味料の分析例

		あじエキス調味料	ほたてエキス調味料	えびエキス調味料
一般成分	乾燥減量	4.5%	20.5%	19.5%
	粗脂肪	0.8	1.2	0.5
	全窒素	12.8	10.7	11.5
	食塩	8.4	6.5	8.5
	5′-イノシン酸	1.1	—	—
	5′-アデニル酸	—	0.4	0.3
アミノ酸	リジン	4.3 mg/100g	0.1	0.4
	ヒスチジン	26.9	0.5	0.2
	アルギニン	1.2	0.7	14.7
	トリプトファン	0.3	0.1	0.1
	アスパラギン酸	2.5	—	—
	スレオニン	1.8	0.3	0.4
	セリン	1.5	0.2	3.1
	グルタミン酸	3.9	3.3	1.9
	プロリン	1.8	1.8	6.6
	グリシン	8.3	27.8	30.9
	アラニン	5.8	20.9	1.7
	バリン	2.7	0.6	0.5
	メチオニン	0.9	0.1	0.3
	イソロイシン	1.7	0.1	0.3
	ロイシン	4.2	0.2	0.5
	チロシン	0.7	—	0.1
	フェニルアラニン	1.6	0.1	0.2
	合　計	70.1	56.8	61.9

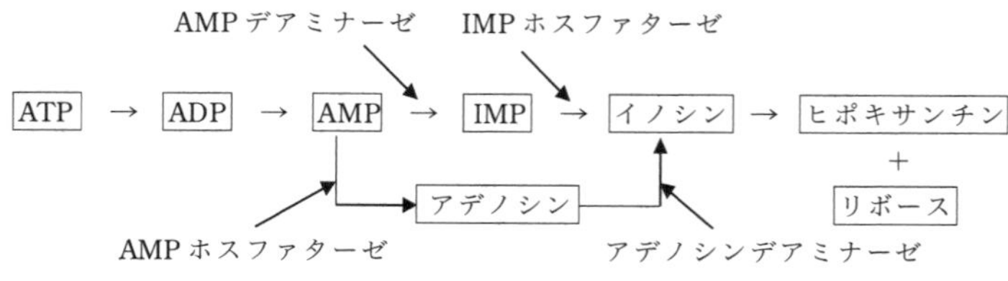

図4.4　ATPからイノシン酸（IMP）の生成分解経路

ATPの分解に関与する酵素は，魚介類自身に含まれている．一般の魚類では5′-イノシン酸が生成されるが，えび，かに，たこ，いかなどの甲殻類や軟体動物ではAMPデアミナーゼが存在しないために5′-イノシン酸は含まれず，5′-アデニル酸が中心になる．これらの呈味性ヌクレオチドは，強さは異なるがグルタミン酸ナトリウム（MSG）との間にうま味の相乗効果を示す．この相乗効果は5′-イノシン酸を1とすれば，5′-アデニル酸は0.18である．

4.3.2　主要魚介類エキスの風味成分

1）　魚介類エキスの風味成分の概要

魚介類は一般的に味が強く美味成分に富んでいる．それらの成分の概要を**表4.15**に示す．

魚介類では，ヒスチジン，グリシンなどが特異的に多いものや，トリメチルアミンオキサイドなど魚介類特有の成分もある．また，無機塩類も魚介類の味の構成成分として重要なもので，かにの味の発現にはこれらの無機塩類が必須成分である．

2）　ズワイガニエキスの呈味成分

美味食品の代表であり，特徴的な味を有するズワイガニ脚のエキス成分を全分析した結果に基づき，再構成したエキスの各成分を**表**

表 4.15　魚介類エキスの風味成分

分　類	化合物	呈味性	分布・特徴
遊離アミノ酸	グルタミン酸等 20 種	うま味，甘味 酸味・苦味	赤身魚に His が多い．えび，かにでは Gly が多い．うにの味に Met が重要
	タウリン	微苦，甘味	かにエキスに多い，生理活性あり
ジペプチド	アンセリン（Ans），カルノシン	微苦，甘味，コク	味を調和させるコクの増強 かつお，まぐろエキスに Ans 多い
核酸関連物質	5′-イノシン酸 5′-アデニル酸	うま味（MSG と相乗性）	酵素系の差により魚類エキスに IMP が多い．無脊椎動物（いか，えび，かに）エキスには AMP が含まれる
	イノシン	呈味なし	鮮度低下により IMP より生成する
有機塩基	グリシンベタイン	甘味	無脊椎動物エキスに多い，かにの味
	トリメチルアミンオキサイド	微苦味，甘味	分解してトリメチルアミンを発生し魚臭の原因物質になる
	クレアチン・クレアチニン	苦甘味 コクに関与	脊椎動物に特有の成分（筋肉成分）
糖類	リボース，ブドウ糖	甘味	メイラード反応，調理香に関与
多糖類	グリコーゲン	コク	貝エキスに多い
有機酸	コハク酸，乳酸	うま味，酸味	貝類にコハク酸，乳酸はかつおエキスに多く濃厚感を示す
無機塩類	食塩，カリ，リン酸塩	塩味， 特徴付け	魚介類エキスの塩味，うま味，甘味やコクの発現に関与

4.16 に示す[13]．

これは，ズワイガニ脚エキスの全分析をした結果得られた成分であり，これらの化合物を混合して，pH を 6.6 に調整すれば，ズワイガニの味を再現できると報告されている．

これらのエキス成分を 1 個ずつ抜いて，オミッションテストによって，ズワイガニエキスの味を再現できる主体的なエキス成分を調べたところ，グルタミン酸 Na，グリシン，アラニン，アルギニン，アデニル酸，グアニル酸，グリシンベタイン，Na^+，K^+，Cl^-，

表4.16 ズワイガニ脚のエキス成分（mg/100mL）

タウリン	243	シチジル酸	6
アスパラギン酸	10	**アデニル酸**	**32**
スレオニン	14	**グアニル酸**	**4**
セリン	14	イノシン酸	5
サルコシン	77	アデノシン二リン酸	7
プロリン	327	アデニン	1
グルタミン酸	**19**	アデノシン	26
グリシン	**623**	ヒポキサンチン	7
アラニン	**187**	イノシン	13
γ-アミノ酪酸	2	グアニン	1
バリン	30	シトシン	1
メチオニン	19	**グリシンベタイン**	**357**
イソロイシン	29	トリメチルアミンオキサイド	338
ロイシン	30	ホマリン	63
チロシン	19	グルコース	17
フェニルアラニン	17	リボース	4
オルニチン	1	乳酸	100
リジン	25	コハク酸	9
ヒスチジン	8	**NaCl**	**258**
3-メチルヒスチジン	3	**KCl**	**376**
トリプトファン	10	**NaH_2PO_4**	**83**
アルギニン	**579**	Na_2HPO_4	226

注）pH6.6に調整，太字の成分が重要な成分．

PO_4^{3-}の11成分であった．グルタミン酸Naを除くとうま味と甘味が減少し，同時にかにらしい味が消失する．グリシンは甘味とうま味に，アラニンは甘味に関与し，アルギニンを除くと味全体が不味になり，かにらしい味が消失する．また，Na^+を抜くとうま味，甘味，かにらしい味がほとんど消失する．Cl^-を除くとエキスは無味に近くなったと報告されている．

3) 魚醤の風味成分

魚醤は東南アジアを始め，日本でも広く利用されている調味料で

表 4.17　代表的な魚醤の呈味成分の分析値

	分析項目＼試料	ナンプラー	ニョクナム	しょっつる	いかなご醤油	いかいしり	いわしいしり
一般	pH	5.69	5.34	5.40	5.13	5.54	5.23
	食塩	26.36	25.94	28.04	29.11	21.35	27.41
	全窒素	2.54	2.66	1.6	1.45	2.55	2.15
有機酸	クエン酸	0	35	0	0	0	42
	リンゴ酸	8	11	7	5	0	6
	コハク酸	77	24	3	18	8	23
	乳酸	498	1,184	550	227	956	1,047
	ギ酸	14	8	4	1	11	11
	酢酸	217	71	22	15	39	46
	ピログルタミン酸	356	734	234	275	225	443
	プロピオン酸	29	1	0	0	0	0
	n-酪酸	27	1	0	0	0	0
アミノ酸	アスパラギン酸	798	1,437	448	381	1,216	792
	スレオニン	582	967	344	343	630	528
	セリン	401	909	363	339	659	515
	グルタミン酸	1,036	1,605	705	552	1,103	782
	グリシン	460	698	236	235	571	414
	アラニン	896	1,412	500	467	751	801
	バリン	712	1,001	410	441	707	639
	シスチン	59	72	66	43	72	44
	メチオニン	300	340	249	231	337	286
	イソロイシン	425	430	339	371	557	449
	ロイシン	505	452	539	551	685	595
	チロシン	144	95	75	65	0	138
	フェニルアラニン	426	526	315	274	478	374
	トリプトファン	133	170	23	72	81	85
	リジン	1,212	1,968	685	696	1,116	1,056
	ヒスチジン	302	622	103	173	240	471
	アルギニン	0	290	458	173	0	486
	プロリン	290	336	134	224	605	323
	タウリン	103	231	69	95	729	296
	シトルリン	783	1,089	157	331	26	169
	オルニチン	119	94	36	32	151	99
	総アミノ酸	9,685	14,744	6,253	6,087	10,713	9,338

注）単位：食塩，全窒素は g/100mL，有機酸，アミノ酸は mg/100mL

あり，長期間熟成して作られて各種の呈味成分を含む．内外の主要な魚醤の呈味に関与する成分を道畠氏が分析した結果を**表 4.17** に示す[14]．

タイのナンプラーとベトナムのニョクマムは世界的に有名な魚醤である．日本の秋田県のしょっつるは，はたはたを原料とし，石川県能登のいしりは，いかやいわしを原料として作られる．香川県ではいかなごを原料とした醤油が作られている．

分析値からみると，遊離アミノ酸が多く，アスパラギン酸，グルタミン酸，アラニンなどのアミノ酸が多い．これらの成分は，原料の魚体が，魚体の持つ酵素によって自己消化されて生成するものである．ここでは分析されていないが，ペプチドも多く，γ–グルタミル—バリル—グリシンは，魚醤から分離されたコクを付与するペプチドであり，食品添加物に指定されている．

有機酸では乳酸が多く，その他，コハク酸，酢酸も含まれ，乳酸菌などの微生物が関与していることを物語っている．

魚醤油の香気成分は特徴的であり，揮発性有機酸（酢酸，ブタン酸（酪酸），3–メチルブタン酸（イソ吉草酸）），アルデヒド類（2–メチルプロパナールなど），ケトン類（2–ブタノンなど），ピラジン類（メチルピラジンなど），アミン類（トリメチルアミンなど），含硫化合物（ジメチルジスルヒドなど），アルコール類（2–メチル–1–ブタノールなど）その他が検出されている[15]．一方，醤油麹を用いた新しい魚醤油の製法によるものでは，嗜好的に好ましくない酪酸やイソ吉草酸が少ないこと，醤油の加熱香気に関係する 2,6–ジメチルピラジンや，アルコール類が多いのが特徴である．

4)　かつお節エキスの風味成分

かつお節はだし原料として古くから使用されており，和食の味の基本である．かつお節から抽出した「かつお節エキス」は，使いやすい調味料としてめんつゆや各種の和風料理に広く利用されている．

かつお節のエキスに含まれる成分の研究は古くから行なわれてきたが，とくに近年になって，ガスクロマトグラフ質量分析計(GCMS）やオルファクトメトリーなどによる分析技術が確立されてからは，ことにかつお節の香味成分の研究が盛んに行なわれ，これまで多数の香味成分が確認され，その数は合計約400種にも及んでいる[16]．

このように多数の香気物質が，確認または同定されているにもかかわらず，かつお節については，まだ完全にその好ましい香気を配合により調製することが困難であり，かつお節の香気がいかに複雑であるかがうかがえる．

これらの香気成分は，かつお節製造工程中における焙乾，カビ付けなどの操作によりつくり出される．すなわち，焙乾工程の煙の成分の吸着，カビのもつ脂肪分解酵素により生成された香気，たん白質に由来する香気などの複合したものである．かつお節特有の香りとして重要な香気は，**表4.18**のように4つに分類されている[17]．

かつお節エキスにもこれらの成分が含まれることになり，香気成分を有効にエキス調味料に含ませるために，超臨界ガス抽出法の活

表4.18　かつお節の基本的な香気成分

肉質的な香り	揮発性含硫化合物（メタンチオール,ジメチルサルファイド,硫化水素など）
香ばしい焙焼香	ロースト香（ジメチルピラジン,エチルメチルピラジンなど）
燻煙香	フェノール類（4-メチルグアイアコール，フェノール，グアイアコールなど）
魚らしい香	カルボニル化合物（アルデヒド類，ケトン類など）

用や，香気成分の散逸を防ぐために，RO膜（逆浸透膜）などで濃縮した製品が開発されている．

一方かつお節の呈味成分としては，イノシン酸，遊離アミノ酸類，有機酸類があげられる．かつお節エキス中の遊離アミノ酸の分析は，これまで数多くなされ，その大部分がヒスチジンであり，次いでアラニン，グリシン，リジンが比較的多く，グルタミン酸は結合型（ペプチド）として比較的多くみられる．

次にかつお節のイノシン酸含量は，対かつお節乾物0.3〜0.9％に及んでいるが，かつお節の品質とだし中のイノシン酸やアミノ酸含量，組成とは相関が認められていない．かつお節からうま味物質としてイノシン酸が，小玉新太郎博士によって発見されたのは有名である．かつお節エキスにも当然このイノシン酸が含まれており，うま味物質として食品の調味に重要な役割を果たす．

かつお節エキスは，かつお節だしと同様に香気成分が重要であり，青臭いにおいや油臭のあるものは良くない．味の成分はイノシン酸やアミノ酸によるうま味を中心とするコクのある味である．

5）　こんぶエキスの風味成分

こんぶエキスには，こんぶ由来の各種の呈味成分や香気成分が含まれており，各種のつゆのだしや，煮物などの和風料理の調味料として利用される．

真こんぶの遊離アミノ酸組成では，グルタミン酸がずば抜けて多く，次いでアスパラギン酸が多く，アラニン，セリン，スレオニンなどが含まれる．こんぶによっては，グルタミン酸を乾物中4％も含むものもある．これらがうま味を中心とするこんぶの呈味成分の主体である．こんぶの呈味成分を分析した結果を**表4.19**に示す[18]．

こんぶとかつお節の合わせだしは，こんぶのグルタミン酸とかつ

表 4.19 利尻こんぶの成分分析値

	項 目	含 量
一般成分（%）	水分	11.2
	たん白質	3.4
	脂質	0.7
	糖質	60.7
	繊維	7.1
ミネラル（mg/100g）	カリウム	4,380
	ナトリウム	2,630
アミノ酸（mg/100g）	アスパラギン酸	674
	スレオニン	6.8
	セリン	15.6
	グルタミン酸	1,894
	アラニン	57.0
	ロイシン	3.4
ヌクレオチド（mg/100g）	5′-アデニル酸	5.04
	5′-グアニル酸	1.08

お節のイノシン酸とによるうま味の相乗性を利用した調理法であり，呈味相乗性が明らかになる（1960 年）よりはるかに古い奈良時代から日本人はこの現象を知り活用していたことになる．

こんぶを覆っている白色の成分は，マンニットで，爽やかな甘味を有する．マンニットの含量は，採取時期の夏季に増加する．

上田氏[19]は，グルタミン酸ナトリウムとマンニット，塩化カリウムの比率が 13：21：65 で存在するとき最もこんぶだしらしい味になると報告されている．また，熟成の「蔵囲い」の工程ではアミノ酸の変化は無いとされている．

冨田氏ら[20]は利尻こんぶだしの香気貢献度の高い成分について

調べ，きのこ様1-octen-3-one，メタリックな(5*Z*)-1，5-octadien-3-one，フローラルなβ-ionone，メタリック・オイリーなtrans-4,5-epoxy-2(*E*)-decenal，甘黒いsotolon，ミルキーな(*Z*)-6-dodecen-4-olideなどを特定した．また，天然物中から初めて同定された(5*Z*)-3,4-dimethyl-5-propylidenefuran-2(5*H*)-oneは，甘黒く，こんぶ様の香気を有しており，こんぶだしの重要な成分であることを認めている．

4.4　農産エキス調味料の成分

農産エキスは野菜類ときのこのエキスであり，それらの呈味成分および香気成分について述べる．

4.4.1　農産エキスの風味成分

農産物には多くの成分が含まれており，それぞれ特有の味をだし

表4.20　農産エキスの主要な呈味成分

区分	分類	主な呈味成分
野菜エキス	遊離アミノ酸	グルタミン酸，アスパラギン酸，セリン，アラニン　他
	ヌクレオチド	アデニル酸，グアニル酸，ウリジル酸，シチジル酸　他
	有機酸	クエン酸，マレイン酸，ピログルタミン酸　他
	糖類	ブドウ糖，ショ糖，果糖　他
	無機塩類	ナトリウム，リン，カルシウム，マグネシウム　他
	含硫化合物	アリイン，グルタチオン，γ-グルタミル-S-アリル-L-システイン　他
きのこエキス	遊離アミノ酸	グルタミン酸，アスパラギン酸，セリン，アラニン　他
	ヌクレオチド	アデニル酸，グアニル酸，ウリジル酸　他
	糖類	ブドウ糖，トレハロース　他

ているが，トマト，玉ねぎ，にんにくなどの野菜系ではグルタミン酸とアデニル酸が，きのこ類ではグアニル酸がうま味の主体となり，その他のアミノ酸，糖類，有機酸類が関与して全体の味を形成している．農産エキスの主な呈味成分を**表 4.20** にまとめて示した．

1) トマトエキスの風味成分

トマトはナス科に属し，原産地は南米のアンデス高地とされている．世界での生産量は約 16 千万トン（2012 年）で，野菜の中で最も多い．日本へは江戸時代の寛文年間に長崎に伝わったとされている．日本での最近の生産量は 72 万トン程度である．

トマトはイタリア料理の基本となるトマトソースの主原料で，パスタやピザなどのソースに使用される．メキシコ料理のサルサやタコスなどにも用いられる．調理素材としてのトマトケチャップはトマトピューレに食塩などの調味料，スパイス，玉ねぎなどを加えて低温で煮詰めたもので，オムレツ，ソーセージ，エビチリ，酢豚などにも用いられる．

高田氏[21)]（日本デルモンテ）によると，トマトに含まれる呈味成分としては遊離アミノ酸が重要で，糖類，有機酸，ミネラルが味に関与し，トマトの熟度が進むと，甘味とうま味が増すこと，これはグルコース，フラクトースが増え，クエン酸が減りグルタミン酸が劇的に増加するためであり，グルタミン酸は熟成前後で約十倍に増え，国産の生食用では約 40～300 mg/100g，加工用で 100～300 mg/100g 濃度になること，このうま味アミノ酸は果実の部位に偏在しており，特にゼリー部に多いこと，ピッコロ品種のミニトマトではゼリー部に 1,650 mg/100g，果肉部で 351 mg/100g 程度含まれると報告されている．

また，同氏によると，トマトの遊離アミノ酸の構成比率がしょうゆのそれと非常に良く似ており，しょうゆとトマトの総遊離アミノ酸量に対する，グルタミン酸やアスパラギン酸の比率が類似することから，和洋の調味料のうま味を付与する共通点として考察されている．

このように，欧米でもうま味を基本味の一つとして，おいしさの発現に寄与していることを古くから認識していたものと考えられる．

このようなトマトと濃口しょうゆの遊離アミノ酸組成を**表 4.21**に示した．

食品の重要なうま味成分である，5′-グアニル酸や 5′-アデニル酸がトマトにも含まれていることが報告されている．トマトの調理用品種の「にたきこま」の新鮮な果実に 5′-グアニル酸が 15.2 ± 1.7 mg/kg，5′-アデニル酸が 164.7 ± 30.7 mg/kg 含まれている．これをオーブンで 250℃，15 分間加熱したものは，5′-グアニル酸が 19.9 ± 1.4 mg/kg，5′-アデニル酸が 186.0 ± 29.6 mg/kg に増加した．これは，トマトの加熱調理中に，生果に含まれる RNA からリボヌクレアーゼ等による作用によって生成し増加するものと推察されている[22)]．このように，トマトには，グルタミン酸とグアニル酸などのうま味の相乗作用を示す呈味成分が含まれていることは興味深いことである．

トマトエキスの香気成分は，脂肪酸由来，アミノ酸由来，カロチノイド由来の 3 種が主体であり，**表 4.22** に示すような香気成分が同定されている[23)]．

これらの香気成分は，表に示した 3 種の前駆物質からトマト自身の持つ酸化酵素などによって生成する．したがって，香気成分によってそのトマトがアミノ酸，カロチノイド，リコピンを含むかを推定できる．

表 4.21　トマト（エキス）と濃口しょうゆの遊離アミノ酸組成（mg/100g）

分析機関	日本栄養・食料学会		USDA	食品成分表
アミノ酸	トマト	トマトジュース	赤トマト	濃口しょうゆ
イソロイシン	3.7	3.2	18	370
ロイシン	3.7	3.0	25	550
リジン	5.9	6.3	27	420
メチオニン	—	—	6	70
シスチン	—	—	9	85
フェニルアラニン	10.6	12.3	27	340
チロシン	3.5	4.6	14	86
スレオニン	5.5	8.1	27	300
トリプトファン	—	—	6	17
バリン	3.2	2.3	18	400
ヒスチジン	—	5.7	14	170
アルギニン	3.2	9.0	21	230
アラニン	4.1	8.1	27	420
アスパラギン酸	22.7	32.8	135	780
グルタミン酸	93.6	136.2	431	1600
グリシン	1.1	1.4	19	310
プロリン	106.1	189.4	15	500
セリン	7.8	9.2	26	370
合　計	274.7	431.6	865	7,018

表 4.22　トマト（エキス）の主要香気成分

前駆物質	香　気　成　分
脂肪酸由来	ヘキサナール，ヘキセナール　など
アミノ酸由来	3–メチルブタノール，3–メチルブタナール，1–ニトロ–2–フェニルエタン，フェニルアセトアルデヒド，2–フェニルエタノール，メチル安息香酸，2–メチルブタナールなど
カロチノイド由来	β–ヨノン，6–メチル–5–ヘプテン–2–オン，β–ダマセノンなど

2) 玉ねぎエキスの風味成分

武氏らは玉ねぎの呈味成分について分析法と官能検査によって研究されており,「玉ねぎの呈味に寄与している成分はグルタミン酸を主体とするアミノ酸類の成分と,グルコース,ショ糖などの甘味成分および辛味物質である.また,アミノ酸類の緩衝能が大きく,うま味にかなり寄与している.」と報告されている[24].

そして,玉ねぎの味の構成成分を熱水抽出のエキスと水抽出のエキスで比較して,**表 4.23** のような結果を示されている.

玉ねぎの辛味成分についても研究が進んでおり,成分的にはにん

表 4.23 玉ねぎの味の構成成分(玉ねぎエキス)

成　分	熱水抽出液 mg/100mL	水抽出液 mg/100mL
グルタミン酸	33.70	30.25
アルギニン	12.75	11.50
リジン	6.75	6.70
イソロイシン	3.54	3.13
アスパラギン酸	3.15	3.85
ロイシン	2.56	2.53
ヒスチジン	2.20	2.05
グリシン	2.16	—
フェニルアラニン	1.45	1.40
プロリン	0.35	0.33
ブドウ糖	246.80	215.30
ショ糖	171.56	171.56
マルトース	297.20	371.00
クエン酸	213.00	—
リンゴ酸	134.00	—
pH	5.7	5.8

注)玉ねぎエキスの抽出法は,玉ねぎ 20 g に水 100 mL を加えて,20 分間熱水または水抽出を行い,ろ過して 20%液に調整した.

にくと似ているが，その量と組成が多少異なるので，辛味と臭気が異なっている．その主成分は di‒n‒propyl disulfide（Ⅰ）と methyl ‒n‒propyl disulfide（Ⅱ）である．これらの disulfide 類は玉ねぎを煮たときに還元されて，甘味の強いメルカプタンを生じる．例えば，プロピルメルカプタン（Ⅲ）はショ糖の 50 倍の甘味を示す．玉ねぎを煮たときに甘く感じるのは，これらのメルカプタン類ができるためである．

（Ⅰ）CH3(CH2)2-S-S-(CH2)2CH3，（Ⅱ）CH3-S-S-(CH2)2CH3
（Ⅲ）CH3(CH2)2SH

生の玉ねぎを包丁で切ると涙が出ることは，調理の時に誰でも経験する．この涙を発生させる揮発成分を催涙成分（lachrymatory-factor）と呼び，propanthial S-oxide であることが知られていた．そして，この成分は玉ねぎ中の主要硫黄化合物（trans-1-(-propenyl- L-cysteine sulfoxide)（PRENCSO）がアリイナーゼ によって分解されて生成するものと考えられていた．日本の研究者[25]が催涙成分の生成には，新しい酵素の催涙成分合成酵素が関与していることを発見した．この酵素の発現や活性を抑えることにより，切っても涙が出ないメリットに加えて，風味や生理活性成分の多い玉ねぎが開発された．

木村氏ら[26]は，玉ねぎの香気成分につき次のように報告されている．

アルコール類，カルボニル類，含硫化合物から成り立っており，炒めた玉ねぎの主成分は，2,4‒dimethylthiophene，methyl‒propyl‒trisulfide，propylpropenyl trisulfide（cis および trans）であった．

生玉ねぎの香気成分（エーテル抽出物）では，2,3‒dimethylthiophene, propyl propenyl disulfide（cis および trans), dipropyl disulfide, dipropyltrisulfide が主成分であった．生玉ねぎに比べると，炒めた場合は，より安定な trisulfide 類が増加した．

玉ねぎ，にんにくなどのネギ属の野菜では，その組織をすりつぶすと，酵素のアリイナーゼが作用してジアリルジスルヒド，ジプロピルジスルヒドなど各種の含硫化合物が生成する．これらの野菜(野菜エキス）と肉などを煮込むことによって，これらに含まれる含硫化合物やアミノ酸，糖類，油脂などの間でストレッカー分解，メイラード反応などの各種の反応が起こり独特の食欲をそそる風味とコクに富むソース，ブイヨン，ラーメンスープ，カレーなどが出来上がる．

玉ねぎのコク付与物質としては，既に1-プロペニルシステインスルフォキサイドが知られているが，(株）カネカの納庄氏ら[27]は，コク味付与効果の強い玉ねぎの加熱濃縮物の工業的製法を確立した．この飴色の加熱濃縮物は，スルフィド類やメイラード反応生成物などを含み，コクの付与に大いに貢献する事，同時に玉ねぎの固形分に含まれる植物ステロールが加熱時の香気成分のひろがり，持続性を高めてコクの増強に寄与することを明らかにしている．

3）にんにくエキスの風味成分

にんにくに傷をつけると，特徴的な臭いが生成する．この素となる化合物は，主にアリインとメチインと呼ばれるイオウを含む化合物である．これらは，アミノ酸のシステインの誘導体で揮発性は無く，極めて水によく溶ける親水性の性質をもっている．

このアミノ酸類が酵素アリイナーゼによってアリルスルフェン酸とアミノアクリル酸に分解される．アリルスルフェン酸は極めて反応性が高く2つの分子の間での脱水反応により，速やかに臭い物質アリシンに変換される．アリシンができると次々と化学反応が起こり，主に揮発性で脂溶性の化合物が生成する．アリシンからできる脂溶性の化合物には，アリルスルフィド類，アリルメチルスルフィド類，ビニルジチイン，アホエンなどがある．

表 4.24 に生にんにくに含まれる主な含硫化合物の種類と濃度を示す．

黒田ら[29] はにんにくのコク増強物質の探索を行い，にんにくの熱水抽出物より有効成分として (+)–S–アリル–L–システインスルホ

表 4.24　生にんにくに含まれる主な含硫化合物[28]

化　合　物	含量（mg/g）
(+)–S–アリル–L–システインスルホキシド（アリイン）	5.4〜14.5
(+)–S–メチル–L–システインスルホキシド（メチイン）	0.2〜2
(+)–S-(trans–1–プロペニル)–L–システインスルホキシド(イソアリイン)	0.1〜2
γ–グルタミル–S–アリル–L–システイン	1.9〜8.2
γ–グルタミル–S–(trans–1–プロペニル)–L–システイン	3〜9
γ–グルタミル–S–メチル–L–システイン	0.1〜0.4
アリシン	2.5〜5.0

表 4.25　にんにく抽出物（エキス）の添加効果

成　　分	コク味の強さ
アリイン（S–allyl–L–cysteine sulfoxide）	+++
シクロアイリン（3–(S)–methyl–1，4–thiazane–5–carboxylic acid）	+
S–メチル–L–システイン スルホキシド	++
γ–L–グルタミル–S–アリル–L–システイン	++
γ–L–グルタミル–S–アリル–L–システイン スルホキシド	+
グルタチオン（γ–L–glutamyl–L–cysteinylglycine）	+++
システイン（Cys）	+
メチオニン（Met）	+

注）うま味溶液（0.05% MSG，0.05% IMP）へ試験化合物を 0.2%添加して評価

キシド（アリイン）などの含硫アミノ酸，グルタチオン（γ-Glu-Cys-Gly）などの含硫ペプチドを特定している．これらの物質は，単独の水溶液は無味であったが，うま味溶液やスープへの添加によって“あつみ”，“ひろがり”，“持続性”を増強した．その結果を**表 4.25**に示した．

このように，にんにくエキスは含硫化合物の独特の香りと共に，各種食品にコクを付与する調味料といえる．

4）　きのこエキスの風味成分

きのこエキスはしいたけエキスが最も多く，その原料であるしいたけはキシメジ科シイタケ属の担子菌であり，干しいたけだしとして使用されてきた．文献的に見られるのは，鎌倉時代（1237年）に書かれた「典座教訓」が最初とされ，精進だしとして利用された模様である．

干しいたけだしは，呈味成分の5′-グアニル酸を含むこと，独特の風味を有することで，だしとして古くから和風料理に使われている．この干しいたけだしの取り方は，冷蔵庫内で肉うすのものでは，5時間程度，大型で肉厚のものでは一昼夜程度の水浸漬が良いとされている．

しいたけエキスの香気成分は，生しいたけ由来の成分であり，きのこ類に共通的に含まれる，1-オクテン-3-オールなどの炭素数18個のアルコールやアルデヒド類が含まれるが，乾燥工程で失われるため，エキスや乾燥しいたけの香りにはあまり含まれてない．

干しいたけにはレンチニン酸（γ-グルタミルシステインスルホキシドを基本骨格とする含硫ペプチド）が500 mg～2,000 mg/100g程度存在している．これが水戻しによるだし取りの過程で，γ-グルタミルトランスフェラーゼ，システインスルホキシドリアーゼの作用，次いで種々の反応により，メタンチオール，1,3,5-トリチアン，ジメチルトリスルフィド，レンチオニンなどの含硫揮発成分を生成する．なかでもレンチオニンは干しいたけやしいたけエキスの特有の香気成分である[30]．

しいたけエキスの呈味成分には，糖および糖アルコール，有機酸，遊離アミノ酸，5′-グアニル酸などがある．糖アルコールでは乾しいたけ 100 g あたり，アラビニトール 3.3 g，マンニトール 4.5 g，トレハロースは 6.7 g 程度含まれている．有機酸はリンゴ酸，ピログルタミン酸，フマール酸，クエン酸などが総量 1.2 g/100g であり，アミノ酸はグルタミン，グルタミン酸，アラニン，オルニチン，グリシン，バリン，フェニルアラニンなどが 1～3 g/100g 程度含まれている．

しいたけは 60～70℃の微酸性の水で煮出すとうま味が増すことが経験的に知られている．このしいたけのだし中に含まれるうま味の主成分がグアニル酸であることがわかったのは昭和 35 年頃のことである．

このグアニル酸は干しいたけ 1 g あたりから 1～2 mg 煮出すことができる．うま味成分のグアニル酸は生しいたけや干しいたけそのものには遊離の型としてはわずかしか含まれていないので，大部分がリボ核酸の構成成分として存在している．リボ核酸からのリボヌクレアーゼの作用でグアニル酸が生成するが，この酵素は比較的熱に安定なので，60～70℃で煮出すという調理上の経験は科学的にも裏付けされたものといえる．

しいたけは精進料理や中華料理に欠かせない材料である．しいたけのだしはこんぶのだしと併用されることが多い．これも，前述のこんぶのグルタミン酸としいたけのグアニル酸とのうま味の相乗効果を利用したものである．**表 4.26** に各種きのこに含まれる遊離ア

表 4.26　きのこに含まれる遊離アミノ酸[31)]

mg/100g

	えのきたけ	しいたけ	なめこ	におうしめじ	まいたけ	こうたけ	ならたけ	ほんしめじ
イソロイシン	92.67	79.07	70.75	116.08	80.03	156.55	52.79	73.32
ロイシン	148.26	131.62	108.49	200.01	129.49	245.01	89.23	136.91
リジン	145.63	116.06	75.17	184.41	98.35	195.70	64.15	110.36
メチオニン	42.63	26.19	22.59	37.55	29.59	135.09	21.78	31.29
シスチン	23.46	17.72	13.08	39.78	23.96	39.11	15.09	26.74
フェニルアラニン	141.41	77.88	60.51	134.75	82.73	143.20	53.84	88.73
チロシン	109.19	62.31	43.74	84.21	67.28	116.56	40.45	63.65
スレオニン	106.23	91.31	79.67	135.38	92.59	193.93	61.25	107.34
トリプトファン	37.44	26.97	21.31	42.80	32.41	52.51	18.96	37.39
バリン	116.04	95.07	82.80	147.87	100.51	192.20	65.82	103.09
ヒスチジン	58.47	39.35	33.00	63.18	39.66	76.99	23.24	46.34
アルギニン	111.69	113.69	83.99	176.36	104.36	200.24	62.60	117.77
アラニン	190.39	104.86	110.81	176.14	110.85	246.62	90.87	160.14
アスパラギン酸	162.71	173.75	129.00	300.80	160.34	343.27	105.61	183.58
グルタミン酸	371.84	320.12	212.28	492.86	203.45	588.38	138.06	340.70
グリシン	109.99	95.07	81.18	142.65	97.52	201.00	65.50	110.63
プロリン	97.99	73.26	76.35	119.95	80.80	168.79	56.71	111.51
セリン	103.60	97.92	75.05	153.06	91.04	209.89	66.65	120.18

表 4.27　きのこに含まれる5′-ヌクレオチド（mg/100g 乾物）[32)]

種　類	5′-CMP	5′-UMP	5′-AMP	5′-GMP	5′-IMP	5′-XMP	Total
さくらしめじ	—	12	6	11	—	—	29
しゃかしめじ	—	204	76	191	—	—	471
ならたけ	—	44	62	140	5	—	251
しいたけ	161	58	59	123	—	—	401
はつたけ	198	249	120	154	—	—	721
ほうきたけ	—	3	13	50	—	—	66
まいたけ	—	84	91	212	—	—	387

ミノ酸含量を示した．

遊離アミノ酸含量は，全体的な傾向として，含硫アミノ酸，トリプトファン，ヒスチジンは低含量，グルタミン酸，アスパラギン酸，アラニンは高含量である．**表 4.27** に 5′-ヌクレオチドの含量を示した．

きのこに含まれる 5′-ヌクレオチドのうち，グルタミン酸ナトリウム（MSG）との間にうま味の相乗作用を示すものは，5′-AMP, 5′-GMP，5′-IMP の三種類である．それらの相乗性の強さは，5′-IMP を 1 とすれば，5′-GMP は 2.3 倍，5′-AMP では 0.18 倍であるとされている．

4.5 酵母エキス調味料の成分

酵母エキスは Salkowski が 1889 年に酵母の自己消化現象を発見して以来，広く欧米で開発され使用されてきた．現在は，国内においても呈味成分を豊富に含んだものや，減塩効果，ビーフ風味付与，コクの付与，スモーク風味付与など各種の特徴のあるエキスが開発され，使用量も伸長している．

4.5.1 酵母菌体の成分

酵母エキスの原料の一つであるビール酵母の成分分析を行った結果を**表 4.28** に示す．

この結果によると，アミノ酸，ペプチドはたん白質として分析され総計 49.7% と大部分を占める．また，ヌクレオチドとの関連では，核酸が 3% 含有されており，これが分解されて呈味性核酸関連物質となる．その他グルタチオンやビタミンなどは，加熱工程でメイラード反応などにより，畜肉様の各種の好ましい風味を生成する．

表 4.28　ビール酵母の成分分析例[33]（乾燥酵母，100 g 当たり）

大分類	成　分	分析例	大分類	成　分	分析例
ビタミン類	ビタミン B1	22.1 mg	ミネラル類	マグネシウム	205 mg
	ビタミン B2	3.04 mg		鉄	6.9 mg
	ビタミン B6	2.96 mg		銅	428 μg
	ビタミン B12	0.03 μg		マンガン	1.29 mg
	エルゴステロール	184 mg		亜鉛	2.20 mg
	コリン	400 mg		セレン	52 μg
	ナイアシン	35.1 mg	一般成分	たん白質	49.7 g
	葉酸	2.6 mg		脂質	4.5 g
	パントテン酸	1.19 mg		糖質	7.6 g
	ビオチン	119 μg		灰分	6.0 g
	イノシトール	489 mg		食物繊維	30.5 g
ミネラル類	カルシウム	45.7 mg		エネルギー	270 kcal
	リン	1,360 mg	その他	グルタチオン	480 mg
	カリウム	1,330 mg		核酸	3,000 mg

4.5.2　酵母エキスの呈味成分

酵母エキスの呈味成分は，遊離アミノ酸，ペプチド，5′-イノシン酸，5′-グアニル酸などの核酸系呈味成分が主体である．同時に，メイラード反応などで生成した各種の成分がビーフ系のフレーバーやコク味の付与に貢献する．

酵母エキスの成分分析例を**表 4.29** に示した．

表に示す酵母エキスは，A と B は一般の酵母エキスであるが，C の高 MSG 酵母エキスは，酵母菌体の製造中にグルタミン酸を高濃度に生成する酵母菌を選択してエキスの原料としたもので，酵母エキス中に自然に 20％もの MSG を含むものである．また，D の高核

表 4.29　酵母エキスの成分分析例（%）

	A	B	C	D
pH	5.6	5.4	5.5	5.8
水分	9.5	4.1	4.5	5.6
全窒素	5.0	12.5	10.6	9.8
食塩	24.1	11.1	9.5	6.5
MSG	9.0	3.3	20.6	5.5
5′-ヌクレオチド	0.3	0.4	2.3	10.2
特徴	ビール酵母エキス	パン酵母エキス	高 MSG 酵母エキス	高核酸酵母エキス

表 4.30　酵母エキスのアミノ酸分析例（g/100g）

エキス＼アミノ酸	ビール酵母エキス	パン酵母エキス	エキス＼アミノ酸	ビール酵母エキス	パン酵母エキス
アスパラギン酸	2.8	4.6	メチオニン	0.5	0.7
スレオニン	1.3	2.0	イソロイシン	1.5	2.6
セリン	1.3	2.2	ロイシン	2.1	3.5
グルタミン酸	3.5	7.7	チロシン	0.9	1.1
プロリン	1.3	1.9	フェニルアラニン	1.3	1.7
グリシン	1.4	2.2	ヒスチジン	0.7	1.0
アラニン	2.0	4.1	リジン	2.4	3.8
システイン	0.6	0.4	アルギニン	0.9	2.3
バリン	1.7	2.8	合　計	26.2	44.6

酸酵母エキスは，2.2.4 の 2）のところで述べたように，核酸分解酵素やデアミナーゼを利用して，5′-ヌクレオチドを生成させたものである．

酵母エキスのアミノ酸組成について分析した結果を**表 4.30** に示す[34)]．

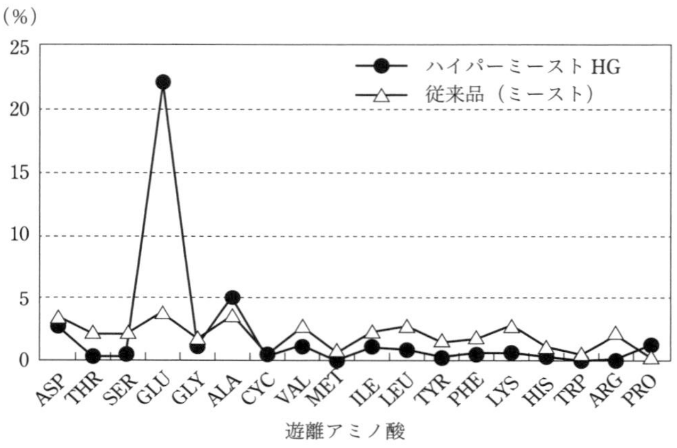

図 4.5　ハイパーミースト HG の遊離アミノ酸分析例

国内酵母エキスメーカーの最大手であるアサヒグループ食品の鈴木氏の報告[35]による高グルタミン酸含有酵母エキス（商品名：ハイパーミースト HG）と従来型の酵母エキス（商品名：ミースト）の遊離アミノ酸組成を**図 4.5** に示した．ハイパーミースト HG は 20% 強のグルタミン酸を含むところに特徴がある．

4.6　たん白加水分解物の成分

動植物たん白を塩酸で加水分解して製造する，植物たん白加水分解物（Hydrolyzed Vegetable Protein，HVP）および，動物たん白加水分解物（Hydrolyzed Animal Protein HAP），ならびに酵素分解して製造するたん白酵素分解物の風味に関与する成分について解説する．

4.6.1　HVP と HAP

1）HVP と HAP の呈味成分[36)]

HVP は，わが国では明治 41 年（1908 年）池田菊苗博士がグルタミン酸の発明をされた時の特許に記述されており，大正時代に入ってから実際に製造され，しょうゆの原料や各種の加工食品の調味料として広く使用され現在に至っている[37)]．HAP は昭和 40 年代に本格製造が開始され，生産量も HVP の 10%程度である．

HVP には液状，ペースト状，粉末状の製品があり，それらの一般成分を**表 4.31〜33** に示す．

表 4.31　液状 HVP の一般分析例

成分＼試料	A	B	C	D	E
ボーメ	24.5	24.6	32.0	23.5	22.7
pH	5.1	5.1	5.3	5.1	5.2
TN（g/100mL）	2.42	2.42	4.84	2.22	2.27
食塩（g/100mL）	18.3	18.9	18.3	18.3	18.2
グルタミン酸(g/100mL)	3.2	4.2	6.4	2.9	4.8
純エキス（g/100mL）	22.5	20.3	43.0	20.0	20.1

表 4.32　HVP ペーストの一般分析例

成分＼試料	A（日）	B（日）	C（米）	D（英）
pH	5.8	5.8	5.4	5.2
水分（%）	24.8	25.0	13.2	21.6
TN（%）	5.6	5.2	4.7	5.6
食塩（%）	22.0	21.0	41.8	38.6
グルタミン酸（%）	9.5	9.0	10.8	7.9
食塩 /TN	4	4	9	7

注：（日）→日本製，（米）→アメリカ製，（英）→イギリス製

表 4.33　HVP 粉末の一般分析例

成分＼試料	A（日）	B（日）	C（米）	D（米）	E（日）	F（日）
pH	4.9	5.0	5.5	5.3	4.9	4.8
水分（%）	4.0	5.2	5.2	1.8	5.2	6.8
TN（%）	5.5	3.0	4.7	4.9	3.0	2.7
食塩（%）	46.1	37.2	51.6	38.0	37.2	35.0
グルタミン酸（%）	9.5	9.1	8.5	11.9	2.7	2.4
食塩 /TN	8.5	12	11	8	12.5	13.0

HVP は表に示すように，一般的に食塩含量が高い．これは製造工程において使用した塩酸を中和して生成する塩化ナトリウムである．粉末製品では 50％に達するものもあり，使用する時にはこれを換算して塩味を調整する必要がある．

また，天然系調味料としてはグルタミン酸の含量が高いのもその特徴である．これは，原料のたん白質由来のものであり，小麦たん白のグルテンはグルタミン酸を多く含むため，これを原料としたものは当然グルタミン酸が高くなる．

次に，HVP に含まれる有機酸と無機物を分析した結果を**表 4.34** に示す．

HVP には各種の有機酸が含まれており，コハク酸は貝類のうま味に関与し，乳酸も畜肉などに多く含まれており，それらの味に関与しているものと予想される．

HVP と HAP との差は，その原料が植物性か動物性の差であり，両者ともほぼ同じ方法で製造されている．HVP は大豆，小麦，コーンのたん白質が用いられ，HAP ではゼラチン，魚粉，カゼイン，卵白，動物性のエキスを抽出した不溶解性のたん白が使用される．これらは比較的安価で，供給の安定しているものが用いられる．**表**

表 4.34　HVP の有機酸と無機物の分析値

	有機酸（mg/TNg）				無機物 (mg/TNg)				
試　料	ギ酸	酢酸	乳酸	コハク酸	P_2O_5	Ca	Mg	K	Na
日本製	20	20	15	45	200	20	20	380	1,900

表 4.35　HVP と HAP の遊離アミノ酸分析例（mg/g）[38)]

分類	アミノ酸	HVP	HAP
甘味系	ハイドロキシプロリン	−	52.2
	スレオニン	12.9	9.5
	セリン	24.0	15.4
	グリシン	13.6	104.0
	アラニン	41.6	42.8
	プロリン	46.8	61.5
	リジン	7.0	17.3
うま味系	グルタミン酸	86.1	40.9
	アスパラギン酸	27.0	24.9
苦味系	バリン	12.1	11.3
	ロイシン	14.3	14.8
	イソロイシン	5.7	6.4
	フェニルアラニン	14.9	8.4
	ヒスチジン	5.4	2.3
	アルギニン	11.4	36.1
	チロシン	3.5	1.4
	メチオニン	6.6	4.3
他	システイン	1.1	−
合　計		334.0	453.5

4.35 に HVP と HAP の遊離アミノ酸の分析例を示した．

HVP のアミノ酸分析値では各アミノ酸がバランス良く含まれ，

特にうま味の強いグルタミン酸の含量が高い．HAPでは甘味系アミノ酸のグリシン，ハイドロキシプロリンなどが多いことが特徴的である．HAPは甘味が強く先味タイプであり，HVPはうま味が強くコクの強いタイプの調味料といえる．

通常の酸分解タイプの調味料のアミノ酸生成率は，80〜95％強になるが，温和な分解条件を採用すると40〜80％程度のペプチドを含む分解物が得られる．

HVPでもその原料と分解条件をコントロールすることにより，牛肉風味，豚肉風味，魚介風味が発現でき，コーンたん白を利用するとコーンスープに適したHVPが製造できるなど興味深い現象が認められている．

2）HVPの香気成分

各種のたん白質を高温で分解する過程で，各種の香気成分が生成する．HVPではこれらの香気成分が食品の調味に有効に働くことをその特徴としている．

例えば，脱脂大豆の分解物について，C.H. MANLEY[39]はその揮発性成分を分析して，中性区分として各種のアルデヒド，フラン系化合物，酸性区分としてレブリン酸を始め13種類の有機酸類，ラクトン2種類，多種類のフェノール系化合物を同定している．同様の研究において，ミート様の香気成分が存在することを**表4.36**のように報告している．

著者は，これらの香気成分も，前駆物質も生成メカニズムも，いわゆるミートフレーバーとかなり類似していると考察している．すなわち，糖類，アミノ酸類などを前区物質とするストレッカー分解およびメイラード反応などが関与しているとしている．

表 4.36 大豆たん白 HVP から分離された香気成分

分　類	分離同定された化合物
酸類	Formic, Acetic, Propanoic, n-Butanoic, iso-Valeric, n-Valeric, Crotonic, 2-Methyl-2-butenoic, Levulinic, 2-Furoic, Phenyl acetic
アルデヒド，ケトン類	Acetaldehyde, 2-Butanone, Acrelein, Furfural, Benzaldehyde, Phenyl acetaldehyde, Acetophenone, 4-Phenyl-3-buten-2-one
ピラジン類	Pyrazine, 2-Methyl pyrazine, 2,5-Dimethyl pyrazine, 2,6-Dimethyl pyrazine, 2,3-Dimethyl pyrazine, 2-Ethyl-3-methyl pyrazine, 2-Ethyl-3,5-dimethyl pyrazine, 2-Ethyl-3,6-dimethyl pyrazine, 2-Ethyl-3,5,6-trimethyl pyrazine, 2,3,5-Trimethyl pyrazine, Tetramethyl pyrazine
フェノール類	Caffeic acid, p-Cresol, m-Cresol, p-Ethyl benzoic acid, 4-Ethyl guaiacol, 4-Ethyl phenol, Ferulic acid, Guaiacol, p-Methoxy benzoic acid, Phenol, Phenylacetic acid, Vanillic acid

4.6.2 たん白酵素分解物 [40)]

酸分解調味料である HVP・HAP は，食塩含量が高いこと，またクロロプロパノールの懸念などから開発されたのが，たん白の酵素分解物である．日本の伝統的調味料や東南アジアの魚醤は，麹菌や魚体自身のもつ酵素であるプロテアーゼによってペプチド，アミノ酸が生成してそれが呈味成分となる．

たん白を中間から大きく切断するプロテイナーゼ，および端から分解して遊離アミノ酸を生成するペプチダーゼを持つ酵素で分解する．したがって，酵素の使用量，コストや酵素分解能の限界から，塩酸分解程アミノ酸生成率は高くない．酸分解調味料のアミノ酸生成率が 80～95％強程度とすれば，酵素分解では，50～70％程度であり，酵素分解調味料は，ペプチドが多い調味料といえる．

酵素分解法によると，ミルクカゼインなどの原料を用いる場合，プロテアーゼの選択によっては苦味ペプチドを生成する場合があるので，酵素の選択が重要である．

酵素分解調味料の一般分析例を**表 4.37** に，アミノ酸分析例を図に示した．

表 4.37 の酵素分解物は A（ゼラチン）と B（小麦グルテン）を原料としたものであり，多種類の酵素を組合わせて分解しているため，アミノ酸遊離率も 70％と高く，呈味力も強い．**図 4.6** に示すように，60％以上のアミノ酸が遊離型で存在し，残りは低分子ペプチドとして呈味上重要なコクの付与や，苦味の除去などに有効に働くことが認められている．例えば，大豆たん白の酵素分解物でグルタミン酸やアスパラギン酸を含むジペプチドや低分子の酸性ペプチド

表 4.37　たん白酵素分解調味料の一般分析例[34)]

試料＼項目	固形分（％）	食　塩（％）	全窒素（％）	アミノ酸遊離率（％）	5′-イノシン酸	5′-グアニル酸
A（ゼラチン）	73.0	13.0	9.0	70	0	0
B（小麦グルテン）	73.0	13.0	7.0	70	0	0

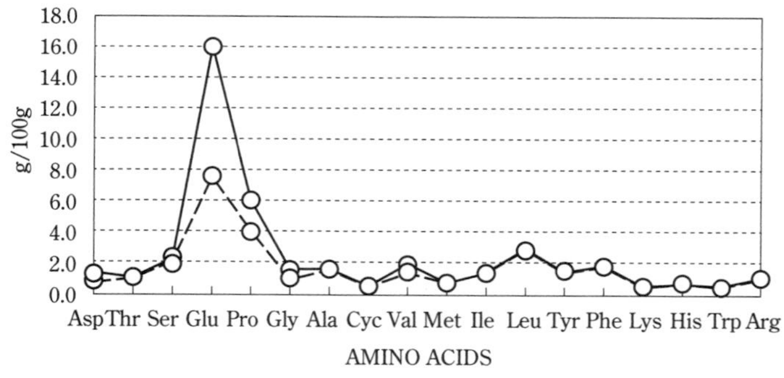

エンザップ V（商品名）のアミノ酸パターン

図 4.6　たん白酵素分解物のアミノ酸分析例

は，その他のペプチドに起因する苦味をマスクする作用があることも確認されている．

文　献

1) うま味の普及会，“うま味の知識”，p.4. (1984)
2) 熊谷功夫，伏木亨監修，“だしとは何か”，p192，アイ・ケイコーポレーション (2012)
3) 西村俊英，“ひとこと　食べ物の美味しさに関わる同音異義語：「旨み（旨味）」と「うま味」”，明日の食品産業，(473), 3 (2017)
4) 越智宏倫，“天然調味料”，p.20, 光琳 (1993)
5) 石田賢吾ら，“ガラスープの近況と外食産業への利用”，ジャパンフードサイエンス，(12), 51 (1993)
6) 鷲尾由紀子，“畜肉だしの風味に関する研究”，日本獣医生命科学大学大学院獣医生命科学研究科（指導教員：西村敏英）(2014)
7) 椙山博之，“畜産系エキス”，月刊フードケミカル，(6), 25 (1995)
8) 沖谷明紘，“肉の食味”，日本食生活学会誌，**17**(2), 94 (2006)
9) I.Hornstein，“*The Chemistry and Physiology of Flavors*”，p.228, The AVI Publishing Company, INC. (1967)
10) 松石昌典，“牛肉の香りと熟成”，日本味と匂学会誌，**11**(2), 137 (2004)
11) 服部祥治ら，“ステーキの香ばしい香りの正体を求めて”，香料 (261), 47 (2014)
12) 枚本大介，“おいしさを再現するフレーバー分析の最前線”，Aroma research **14**(3), 16 (2013)
13) 山野善正，山口静子編，“おいしさの科学”，p.69，朝倉書店 (1994)
14) 道畠俊英，“国内外の魚醤油と能登の魚醤油いしりについて”，醤油の研究と科学，**41**(5), 317 (2015)
15) 道畠俊英ら，“イシル（魚醤油）の香気成分について”，Biosci. Biotechnol. Biochem. **66**(10), 2251 (2002)
16) 斉藤司ら，“かつお節の香りに寄与する重要香気成分”，日本食品科学工学会誌，**61**(11), 519 (2014)
17) 川口宏和，“かつおだしのおいしさ解析と商品開発への応用”，日本味と匂学会誌，**12**(2), 123 (2005)
18) 松本仲子ら，“こんぶだし汁の呈味に関与する成分について”，日本食生活学会誌，**7**(3), 47 (1996)
19) 上田要一，“だし中のこく，あつみ成分の研究”，日本味と匂学会誌，**4**(2), 197 (1997)
20) 冨田直己ら，第 61 回香料・テルペンおよび精油化学討論会要旨集 (2017)

21) 高田武久，“トマトのアミノ酸について”，日本家政学会誌，**63**(11), 745 (2012)

22) 安藤　聡ら，“トマトの加熱調理によるグアニル酸生成およびその品種間差”，日本食品科学工学会誌，**62**(8), 417 (2015)

23) 片山修ら，“果実・野菜の香気成分（第2報）トマトの揮発成分”，日本食品工業学会誌，**14**, 444 (1967)

24) 武恒子ら，“各種食品中の呈味成分に関する研究 - 11- タマネギの呈味成分について”，栄養と食糧，**20**(3), 169 (1967)

25) 今井真介，“注目しています．その技術！タマネギ催涙因子合成酵素の発見とその関連研究 “，日本食品工学会誌，**16**(2),181(2015)

26) 木村恵子ら，“加熱たまねぎの香気成分の検索”，日本栄養・食糧学会誌，**37**(4),343 (1984)

27) 納庄康晴ら，“「こく」を付与するタマネギ調味素材”，月刊フードケミカル，(8), 45 (2014)

28) 齋藤洋著“ニンニクの科学”，p96,（朝倉書店）2000

29) 黒田ら；食品加工技術，**25**(2), 12 (2005)

30) 城斗志夫，“キノコの美味しさ―呈味と香気の生成―”，香料，(9), 29 (21019)

31) 藤原しのぶら，“キノコのアミノ酸組成”，日本食生活学会誌，**6**(3), 34 (1995)

32) 関沢憲夫ら，“食用キノコ類の5′ −ヌクレオチド含量と加工におけるそれらの変化”，日本食品工業学会誌，**39**(1), 72 (1992)

33) 木田隆生，“酵母エキスとその関連技術”，月刊フードケミカル，(5), 58 (2013)

34) 越智宏倫，“天然調味料”，p.38，光琳 (1993)

35) 鈴木睦明，“進化する酵母エキス「ハイパーミーストシリーズ」の機能と応用”，ジャパンフードサイエンス，(9),15 (2014)

36) 元崎信一編，“化学調味料”，“HVP，HAP，酵母エキス（田崎隆一）”，p281，光琳書院 (1969)

37) 野中雅彦，“タンパク加水分解物の調味素材としての有用性”，月刊フードケミカル，(10), 60 (2016)

38) 松木隆，“HVP&HAP”，月刊フードケミカル，(6), 45 (1995)

39) C.H.Manley and I.S.Fagerson:*The Flavour Indusry*, (12), 686 (1971)

40) 村上智夫，“酵素分解調味料の開発と応用”，月刊フードケミカル，(12), 53 (2000)

第5章　天然系調味料の加工食品への利用

加工食品や外食産業，中食産業は近年著しく発展すると共に，家庭での食事や調理の方法も簡便化している．中でも食卓調味料や調理用調味料，調理済加工食品の活用の頻度が高まっている．このような中で，天然系調味料の役割が大きくなり，加工食品や二次加工調味料（基本調味料やエキス調味料などを組み合わせたメニュー対応調味料など）が多様化し，高品質化している．

5.1　日本の加工食品の概要

日本国内の加工食品を含む食品産業（酒類を含む）の業種別生産金額を**表 5.1** に示した．

ここ 20 年間では，清涼飲料，油脂，レトルト食品，健康食品，冷凍食品などの伸長が著しい．一方，減少している業種は缶瓶詰(飲料缶除く)，水産練り製品，その他の水産加工品である．牛乳・乳製品，清涼飲料，調味料，食肉加工品，小麦粉・同 2 次加工品，菓子類は数％の増加傾向である．

表 5.1　国内における加工食品の生産額[1-3)]

品目 ＼ 年度・項目	1998年		2008年		2018年	
	生産金額（百万円）	98/97（%）	生産金額（百万円）	2008/1998（%）	生産金額（百万円）	2018/2008（%）
酒類	4,520,862	98.2	3,671,800	81.2	3,371,290	91.8
牛乳・乳製品	2,145,820	98.9	2,013,360	93.8	2,202,020	109.4
缶瓶詰（飲料缶除く）	384,758	97.8	239,134	62.5	197,286	82.5
清涼飲料	3,129,200	101.9	3,776,380	120.7	4,060,846	107.5
嗜好飲料	950,300	97.5	952,100	100.2	911,200	95.7
油脂	436,700	100.6	469,760	107.6	590,316	125.7
調味料	1,508,150	101.4	1,468,050	97.3	1,549,791	105.6
食肉加工品	751,000	100.5	689,000	91.7	749,000	108.7
水産練り製品	423,400	98.3	354,132	83.6	263,767	74.5
レトルト食品	239,680	103.9	298,220	124.4	346,505	116.2
小麦粉・同2次加工品	2,327,400	98.8	2,430,650	104.4	2,596,755	106.8
菓子類	2,469,000	99.0	2,367,100	95.9	2,516,100	106.3
砂糖・糖化製品	411,530	96.0	472,850	114.9	483,600	102.3
冷凍食品	1,066,050	102.6	657,482	61.7	726,600	110.5
健康食品	275,000	94.8	800,000	290.9	1,260,000	157.5
その他農産加工品	1,787,970	99.5	1,788,590	100.0	1,691,822	94.6
その他水産加工品	1,358,740	99.6	815,818	60.0	636,584	78.0
合　計	24,185,560	99.5	23,264,426	96.2	24,153,482	103.8

5.2　日本の調味料の概要

日本における調味料類の分類と生産金額の推移を**表 5.2** に示した．

この中で，国内の調味料の生産金額の推移では，たれ類，マヨネーズ類，トマト加工品，洋風スープ，和風スープ，香辛料，その他調味料がここ 20 年間で 10％以上伸長している．一方，しょうゆ，みそ，ソース，みりん風調味料，粉末調味料が 10％以上減少して

表 5.2　調味料類の品目別生産高[1-3)]

品目＼年度・項目	1998 年 生産金額（百万円）	98/97（%）	2008 年 生産金額（百万円）	2008/1998（%）	2018 年 生産金額（百万円）	2018/2008（%）
うま味調味料	83,700	100.7	54,520	65.1	56,380	100.3
しょうゆ	218,200	97.7	180,000	82.4	153,500	70.3
みそ	142,300	100.9	121,000	85.0	103,200	85.3
食酢	66,200	102.2	66,300	100.2	67,970	102.5
ソース	62,740	100.8	59,300	94.5	52,750	89.0
たれ類	84,900	102.2	83,210	98.0	99,200	119.2
即席・純カレー	86,300	97.8	85,350	98.9	77,700	91.0
マヨネーズ類	165,360	101.6	198,400	120.0	240,800	121.4
トマト加工品	88,300	110.8	72,390	82.0	92,925	128.4
洋風スープ	70,400	102.0	88,310	125.4	121,990	138.1
麺類用つゆ	71,800	102.4	97,500	135.8	95,940	98.4
和風スープ	43,170	113.6	45,900	108.8	76,546	166.8
風味調味料	93,670	99.3	69,000	73.7	65,730	95.3
みりん風調味料	22,410	97.4	15,300	68.3	10,520	68.8
発酵調味料	27,100	104.0	26,800	98.9	24,640	91.9
粉末調味料	49,800	101.8	50,150	100.7	36,100	72.0
香辛料	64,200	100.5	63,400	98.8	72,350	114.1
ぽん酢類	22,600	104.1	28,020	124.0	27,880	99.5
その他調味料	45,000	103.2	63,200	140.4	73,670	116.6
合　計	1,508,150	101.4	1,468,050	97.3	1,549,791	105.6

いる.

2018 年の調味料に分類されている品目の合計金額は，1.5 兆円強であるが，調味料に分類されていない，みりん，ふりかけ，お茶漬け，レトルト食品のカレー，シチュー，パスタソース，中華調味料の素，スープや，即席めんのスープを加えると 1.8 兆円近い金額になると予想される.

5.3 配合型天然系調味料

天然系調味料の風味に関する成分や，天然うま味食品の風味を構成する成分について既に述べたように，各々の食べ物において中心になる呈味成分がある．例えば，こんぶのグルタミン酸ナトリウムやかつお節のイノシン酸ナトリウム，貝類のコハク酸，えび類のグリシンなどである．

天然系調味料にこれらの考え方を応用して，エキス調味料に他の呈味成分やたん白加水分解物などを配合して，より風味の強い配合調味料が開発されている．また，これらの調味料を使いやすいようにするために，物性，例えば流動性や吸湿性の改良に用いる素材も

表 5.3 天然系調味料を使用した配合調味料に用いられる素材・添加物

分　類	素材・添加物	使用目的
だし素材	かつお節，こんぶ，しいたけ，煮干し，乾燥肉など	エキスへの天然物の風味の強化
基礎調味料	食塩，砂糖，果実酢　など	塩味，甘味，酸味の強化
発酵調味料	しょうゆ，みそ，食酢，みりん，酒類，塩みりんなど	風味の補強，味をまとめる効果コクの付与
香辛料	スパイス，ハーブ，香辛野菜など	風味のアクセント付け
うま味調味料	グルタミン酸Na，アスパラギン酸Na，5′-リボヌクレオチド　など	天然系調味料に不足するうま味の増強
アミノ酸類	アラニン，アルギニンなどの食品添加物など	味の特徴付け，魚の味にグリシン，かに味にアルギニンなど
有機酸類	コハク酸，クエン酸，リンゴ酸，乳酸とそのNa塩など	酸味付与，コハク酸は貝の味増強
糖類	ブドウ糖，砂糖，麦芽糖，デキストリンなど	甘味の増強，乾燥助剤，物性改良
油脂類	ごま油，一般油脂類（抗酸化処理したもの）	風味付与，粉体調味料の吸湿防止など

表 5.4 天然系調味料を用いた配合調味料の事例

目 的	配合する天然系調味料と素材・添加物	配合の効果
呈味力の強化	・各種エキスとたん白加水分解物の配合	HVP/HAP による味の強化 コクの増強
	・各種エキスに MSG や 5′-ヌクレオチドの配合	エキスに不足するうま味の増強
	・高核酸，高 MSG 酵母エキスとこんぶ，かつお節エキスの配合	エキスへのうま味増強と風味（こんぶ・かつお節）付与
味の特徴付けおよび業種専用調味料	・HAP にアミノ酸（グリシン，アラニン，アルギニン）などの添加	アミノ酸の強化でかに，えび味の強化
	・水産エキスにコハク酸を配合	貝味の強化，水産加工用
	・有機酸，アラニン，グリシンの強化	漬物用調味料（低塩化）
香りの特徴付け	・酵母エキスにビーフエキスを配合	コクのあるビーフ調味料
	・エキスにチキン風味香料を配合	鶏ガラエキスの香り強化
物性の改良	・粉末品の賦形剤にデキストリンを使用	粉末調味料の流動性改良
	・粉末エキスやたん白加水分解物に抗酸化処理油脂の配合	吸湿防止と抗酸化作用の発現

ある．

このような配合調味料に用いられる素材や添加物を**表 5.3** に示した．

天然系調味料に表 5.3 のような，素材や添加物を加えて配合調味料を作り上げる場合の考え方と事例を**表 5.4** に示した．

5.4 天然系調味料の使用効果

天然系調味料の使用により，うま味調味料のみでは付与できない呈味の幅，コク，特徴のある風味の付与に加えて，おいしさを保持しながらの減塩調味などが可能になる．また，調味作用以外の抗酸化機能，エキス等に含まれるアンセリン，カルノシン他による健康機能を付与するなどの使用効果が期待できる．

表 5.5 に天然系調味料の加工食品や料理に対する一般的な使用効果を示す．

これらの天然系調味料が使用される食品は，次の 4 つのジャンルに分類される．たとえば，インスタントラーメンなどの即席食品が簡便でおいしくなったことも，天然系調味料の使用によるものといっても過言ではない．

表 5.5　天然系調味料の一般的使用効果

項　目	使　用　効　果
呈味増強効果	・エキスや分解物に含まれるアミノ酸，ペプチド，核酸関連物質，有機酸等によりうま味を中心に呈味を増強する． ・酵母エキスやたん白加水分解物が強い呈味増強効果を示す．
コクの付与と増強	・うま味調味料のみでは表現できないコク（濃厚感，幅，まろやかさ，味の調和など）の付与効果． ・畜・水産エキス，酵母エキス，たん白加水分解物が強い効果を示す．
風味付与と増強効果	・チキン，かき，かに，オニオン，などの各エキス独特の特徴のある風味（フレーバー）を付与し，すでに存在する風味をさらに増強する． ・農水畜産系エキス調味料が強い効果を示す．
風味の改良効果	・原料や製造工程に起因する異味（苦味など），異臭（大豆たん白臭など）を改良する． ・これは，エキス調味料に含まれる各種アミノ酸，ペプチド，有機酸，糖類などの作用による．
減塩効果	・エキスや分解物に含まれるペプチド，アミノ酸の味やだし風味などにより塩味が強化されて，減塩してもおいしさが保持される． ・酵母エキス，水産系エキス，たん白加水分解物など，配合型も有効．
その他の機能	・調味作用に加えて酸化防止，健康機能などの特殊な機能を有する． ・かつお節エキスの健康機能，肉・魚類エキスのアンセリン・カルノシン，野菜エキスの有機酸，酵母エキスのグルタチオンなどによる効果．

① **加工食品分野**：インスタントラーメン等の即席食品，即席カレー・シチュー，水産練り製品，漬物，スナック菓子，食肉加工品などの加工食品.

② **調味料 2 次加工品**：ソース，たれ・つゆ，ドレッシング，スープ，合わせ調味料など.

③ **外食産業向け調味料（家庭用含む）**：ラーメン，そば，うどん，洋食店などで使用されるスープ，ソース，たれ，つゆ，ドレッシングなど.

④ **中食用調味料**：テイクアウト用食品のスープ，たれ・つゆ，ソース，ドレッシングなど.

このように，天然系調味料は日本の食品工業の発達に寄与したといえる．これは，加工食品，外食産業，中食の発達に伴って天然系調味料が伸長してきたことからも納得できる.

5.5　天然系調味料の各種加工食品への利用

5.5.1　スープ類への利用 [4)]

スープ（Soup）は，肉，魚介類，野菜などのだし（素汁）を土台にした西洋料理の汁物の総称である．ここでは，コンソメなどの洋風スープから，和風のみそ汁・吸い物そして，即席麺用のスープおよびラーメン店で使用するスープを対象とする.

日本農林規格（JAS）においては，乾燥スープ，乾燥コンソメおよび乾燥ポタージュなどの規格が定められている．同時に，食品表示基準にも，乾燥スープやレトルトパウチ食品のスープについて，用語や定義が記載されている．また，コーデックス規格（FAO と WHO 合同国際食品規格）では，ブイヨン・コンソメに規格が定められている（CODEX STAN 117-1981）.

表 5.6　スープ類の分類と概要

スープの種類	各スープの概要
洋風スープ	コンソメ，ポタージュなど粉末状やキューブ，レトルト品. スープとしてそのまま喫食またはブイヨンとして調理に使用.
和風スープ（みそ汁など）	粉末，ペーストもあるが凍結乾燥（FD 品）が注目されている. 具材を加えた FD 品が本格みそ汁，スープとして伸長.
中華風スープ	粉末品が多い．家庭用，外食用がある.
わかめスープ	特異のジャンルを持ち，粉末に乾燥わかめ入りで健康志向.
即席麺スープ	大手の即席麺で販売される別添のラーメンスープで，洋風，中華風，和風，エスニック風など毎年新製品が開発される.
ラーメン店向けスープ	ラーメン店で使用される炊き出し豚骨スープなど. 本格ラーメンスープとして，エキスも利用されている.

表 5.6 に日本で流通している主なスープ類の分類と近年の業界動向，およびその特徴をまとめた.

スープは天然系調味料の最大の使用分野であり，特に即席麺用のスープに用いられて，風味の向上に大きく貢献している.

1)　業界の動向[3)]

スープ類の 2018 年の市場規模は，洋風スープ類で約 1,220 億円程度であり，微増の傾向を示している．また，レトルトスープが 110 億円，和風のみそ汁・吸い物が 756 億円程度で伸長基調にある．これらの形態は，粉末，キューブ，凍結乾燥（FD）品，レトルトパウチ品，缶入りなど各種の製品が開発されている．また，原料や製造法などにより，洋風のコンソメ，ポタージュ，野菜スープ，わかめスープ，製法により FD スープなどに分類されている．近年，FD 法による製品が，具材や風味も含めて品質向上が認められ，しかも簡便性からも注目されている.

2)　処方例

ビーフコンソメ，チキンコンソメ，コーンクリーム，かに玉，わかめ，豚骨ラーメンスープおよびアジアン薬味の野菜冷やし麺，白湯ラーメンスープの処方例を示す．

処方で太字は，天然系調味料または商品名を示す（以下同じ）．

1.　ビーフコンソメスープ[5]（%）		**2.　チキンコンソメスープ**[6]（g）	
食塩	24	食塩	560
牛肉エキス調味料	8	グラニュー糖	135
HVP 配合調味料	6	MSG	120
グラニュー糖	1	鶏脂粉末	80
MSG	8	カラメル	4
核酸系調味料（リボタイド）	0.2	にんじん粉末	2
無水クエン酸	0.45	オニオン粉末	10
粉末カラメル	0.3	ガーリック粉末	2
オニオンエキス粉末	0.7	ペッパー粉末	8
スパイスミックス※	0.13	スパイスミックス※	0.8
精製牛脂	5	**核酸系調味料（リボタイド）**	1.2
乳糖	46.14	**チキンエキスパウダー**	80
パセリフレーク	0.08	**チキンコンソメシーズニング**	2
合計	100	合計	1,005
喫食：5 g を 150 mL の熱湯に溶かす **特徴**：粉末品で使い易い ※ホワイトペッパー31.5%，セージ 6%，タイム 6.5%，ナッツメッグ 12.5%，ローレル 18.5%，クローブ 6.5%，セロリ 18.5%		**喫食**：混合品の 4 g を，180 mL のお湯に溶かす **特徴**：粉末または顆粒品で風味良好	

3.　コーンクリームスープ[7]（g）		
	コーンピューレ	180
	ポテトピューレ	120
	無塩バター	24
	トリニティワイン ボンクック白	50
	水	550
A	牛乳	170
A	上白糖	50
A	生クリーム	40
A	**チキンブイヨンプレミアム**	14
A	**HC オニオンエキス C**	10
A	**こく味調味料 HS-100**	1

作り方：鍋にバターを入れコーン，トマトピューレを入れてなじませる．次いでワインを入れ，軽く温める．Aを入れて伸ばしながら温める（7〜8人分）．

特徴：中食，外食向けの濃厚な味わい．**チキンブイヨンプレミアム**（商品名）は鶏肉を煮込んだ時の特有のやわらかな香りを付与する．

4.　かに玉スープ[8]	
鶏ガラエキス（無塩液体）	800 mL
精製塩	2 g
淡口しょうゆ	5 mL
日本酒	15 mL
コショウ	少々
でん粉	9 g
水	15 mL
だししるべ G-5 ※	30 g
かに身	50 g
卵	40 g
しょうが	少々

※水産エキス（かに風味）

作り方：一度に煮立てて，そのまま喫食する．

特徴：**鶏ガラエキス**と**だししるべ**（商品名・**カニ風味エキス調味料**）の使用によって風味の良いかに玉スープになる．

5.　ワカメスープ[9]（%）		**6.　豚骨ラーメンスープ（粉末）30倍希釈**[7]（%）	
精製塩	38	**奶湯パウダー**	35
シルビン（塩化カリウム）	5	食塩	22
MSG	17	グラニュー糖	11.9
かつお節エキス	13	脱脂粉乳	8.8
ミートエキス（配合型）	5	**清湯スープオイル**	2
コハク酸2ナトリウム	0.5	ガーリック粉末	5
粉末しょうゆ	2	ジンジャー粉末	1
粉末野菜（オニオン・ねぎ）	3	粉末しょうゆ	3
HVP（配合型）	3	メンマ粉末	0.4
リボタイド（核酸調味料）	0.5	ホワイトペッパー	0.1
上白糖	3	デキストリン	0.6
オニオンパウダー	3	**こく味調味料HS-100**	2
レッドペッパーパウダー	0.2	MSG	2.9
ブラックペッパーパウダー	1	**リボタイド**（核酸調味料）	0.1
乳糖	5.5	クエン酸3ナトリウム	0.2
ごま油	0.3	**ハイクックポークA**	5
合計	100	合計	100
喫食：上記調味料3.5 g，乾燥わかめ2 g，乾燥ねぎ0.2 g，焙炒白ごま0.4 gに熱湯200 mLを注ぐ **特徴**：健康志向で家庭用，業務用として使用．		**喫食**：8 gにお湯240 mLを加える（加工食品向け） **特徴**：奶湯パウダー，ハイクックポークAによって甘うま味のある豚骨風味がでる．	

7. アジアン薬味の野菜冷やし麺 [7]　(g)	
フォー（茹で）	320
サラダ油	5
A　むきえび	60
A　水	400
A　**麺活　塩ラーメンスープ貝**	50
A　酢（酸度 4.2%）	30
A　タバスコ	0.5
お好み具材（蒸し鶏，大根，紫玉ねぎ，赤パプリカ　他）	180
レモン等の柑橘類	適量

作り方：フォーはぬるま湯で戻し，さっとゆでて冷水で冷やす．A を鍋に入れひと煮立ちさせ冷やす．器にフォーと具材を盛り，スープ・レモンをかける．
特徴：**麺活　塩ラーメンスープ貝**（商品名：あさり，かき，ほたて，蛤を原料にしたエキス）を使用した本格的なアジアンスープ，貝のうま味が効いた冷やし麺．（中食・外食向，2 人分）

8. 凍結乾燥みそスープ [10]　(g)	
米みそ	14
ミースト（酵母エキス）	0.4
ビタミン E（酸化防止剤）	0.026
粉末かつお節	0.4
なめこ（生）	19
水	25.174
合計（1 食分）	59

作り方：①みそ，**ミースト**，ビタミン E，水を加えて溶解する．② 0.25 mm の篩を通したかつお節粉末となめこを加える．③容器に移して凍結乾燥する．④ブロックを 1 個ずつ包装する．
特徴：お湯を加えて直ちに食べられる本格みそ汁．

5.5.2　たれ・つゆ類への利用

本項で取り上げるたれ・つゆは，焼き肉のたれ，めんつゆを中心にポン酢やメニュー専用の中華系や和風，洋風の鍋物用調味料などを対象にする．食の多様化と簡便化に伴い，家庭・外食・中食共に各メニューに対応でき，一味違うところに着目した製品が開発されている．この分野も，和風のだし，洋風のブイヨン，中華のタン（湯）がベースになるため，エキスやたん白加水分解物などの天然系調味料やコク味調味料などが使用される．

1)　業界の動向 [11, 12]

焼き肉のたれなどのたれ類は，堅調な売り上げを続けており，2018 年度は 157,100 kL，売上 992 億円に迫った模様である．めんつゆはかつお節やこんぶ風味などエキス調味料が使用されるもので，ストレートつゆなどが伸長し，226,990 kL，960 億円であった．

鍋物用調味料としては，ポン酢，おでんの素，すき焼きのたれ，しゃぶしゃぶのたれ，鍋つゆ類があり，最大のポン酢が 278 億円，鍋つゆの素が 360 億円の販売金額である．

メニュー専用調味料としての中華調味料は，2018 年で合わせ調味料が 308 億円，オイスターソースなどの基礎調味料が 136 億円程度の売上で，年々微増の傾向である．

これらの調味料は，健康志向の野菜摂取の増大に伴って注目されている．しょうゆや食酢をベースにして，かつお節，こんぶエキスや，畜産系・水産系・野菜系のエキス調味料を配合して作られる．

2) 処方例

1. 焼き肉のたれ[7]（%）		**2. めんつゆ**[7]（%）	
濃口しょうゆ	38	濃口しょうゆ	29
異性化糖	15	ブドウ糖果糖液糖	10
上白糖	12	**錦味煮切り（発酵調味料）**	8
リンゴピューレ	5.5	**ハイクック**	8
錦味 200（発酵調味料）	5	**素だし J-1N**	3.7
醸造酢	4.5	上白糖	2
ハイクックオニオンエキス C	1.2	食塩	1.2
ごま油	1	**ハイクックこんぶエキス T-3**	0.5
炒りごま	0.5	水 37.6 を加えて合計	100
食塩	0.6	**ハイクック：かつおぶしコンク S フレーバー** **素だし J-1N：かつお節エキス** **特徴**：しょうゆのコクにすっきりとした甘さを加え，かつおとこんぶのうま味を効かせためんつゆ，煮物，炒め物，焼き物などにも使える．（加工食品向け）	
唐辛子パウダー	0.05		
加工でん粉	1.5		
水 15.15 を加えて合計	100		
特徴：しょうゆベースにりんごや玉ねぎの甘味にごまの香りを効かせた焼き肉のたれ．（加工食品向け）			

3. ごま豆乳鍋つゆ[7]（%）		**4. ぽん酢**[7]（%）	
調整豆乳	30	濃口しょうゆ	38
すりごま白	3	果糖ブドウ糖液糖	10
上白糖	2	高酸度酢（酸度10%）	5
芝麻醤	1.5	食塩	1.3
食塩	1.3	レモン果汁	2
ボンテーストチキンエキスF100	1	ゆず果汁	2
ごま油	0.7	**熟成蔵出し黒みりん**	2
WA-3（HVP）	0.5	**素だしかつお**	1
錦味200（発酵調味料）	0.5	**ハイクック真昆布エキス100**	1
こく味調味料MP-300	0.3	**グルエース（MSG）**	0.8
乳化剤（ポエムJ-0081 HV）	0.3	**クエン酸結晶顆粒状16M**	0.6
なたね油	0.3	**酵母エキスL**	0.3
ハイクックこんぶエキスT-3	0.2	水	36
グルエース（MSG）	0.1	合計	100
リボタイド（核酸調味料）	0.01	**特徴**：おかずから主食まで，なんでも使えて便利なポン酢．酸味を**酵母エキスL**を使用することで，酢カドを抑え，酸味のまろやかなぽん酢になる．(加工食品向け)	
水	58.29		
合計	100		
特徴：複雑な厚みと持続性を再現した**こく味調味料MR-300**がごま豆腐鍋つゆのごま風味を引立てる．(加工食品向け)			

5.5.3 カレー類への利用

カレーは，複数の香辛料を使って野菜や肉などのさまざまな食材を味付けした料理で，インドとその周辺国で作られていた料理をもとに発展した．現在では国際的に人気のある料理のひとつである．日本では明治時代にイギリス経由で伝わり独自の進化をとげたカレーライスが国民食と呼ばれるほどの地位を得ている．カレーの種類を**表5.7**に示した．

カレーの風味向上，コク味の付与を目的として，ビーフ・チキ

表 5.7 カレーの種類

カレー粉	純カレーとかカレーパウダーと呼ばれる．ターメリック，コリアンダー，クミンなどの多くのスパイス・ハーブから作る．このカレー粉を基にして即席カレーやレトルトカレーが作られる．
カレールウ	即席カレー，インスタントカレーとも呼ばれる．「ルウ」（小麦粉をバターやオリーブオイルで炒めたもの）をベースにカレー粉，油脂，調味料を混合して仕上げたもの．ブロック状，フレーク状やペースト状がある．
調理済カレー	蒸煮した肉や野菜などの具材と，カレー粉や小麦粉，食用油，砂糖，食塩，調味料などを煮込んだカレーソースとを，①レトルトパウチ（袋），缶などの容器に密閉し，加圧加熱殺菌したもの，②無菌充填包装したもの，③容器などに密閉し，冷凍・チルドで流通するものがある．温めるだけで食べられる．

全日本カレー工業協同組合 HP

ン・ポークなどのエキスやHVP，コク味調味料などが，用いられる．

1) 業界の動向 [13)]

即席カレーは大手の食品企業が中心であり，2018 年，カレー粉は 7,380 トン，74 億円，カレールーが 89,000 トン，735 億円，レトルトカレーは 161,711 トン，564 億円と報告されている．ルーは減少傾向でレトルトは増加基調である．これらのカレーは，コク味，まろやか，野菜，辛味，キーマ（挽肉ドライカレー）カレーが注目されている．減塩，低カロリー，アレルギー対応など健康ニーズ対応やアジアンカレーなどの多様化への対応が進んでいる．

2) カレー粉の配合例

参考までにカレー粉の配合の一例を示す [14)]．

配合例（インドカレー） (g/321g)

ターメリック	25	ナツメッグ	2	ビンダルーペースト	60
クミン	50	ブラックペッパー	2	ガラムマサラ	60
コリアンダー	110	レッドペッパー	4		
シナモン	5	カルダモン	3		

3) 処方例

4種類のカレー類の処方を示す.

1. 即席カレー[15] (g)		2. レトルトカレー[16] (%)	
牛脂	100	**ハイパーミースト HG-PdD20**	0.2
豚脂	100	ラード	4.9
ショートニング	100	コーン油	0.7
小麦粉	400	小麦粉	6.4
砂糖	50	カレー粉	2
食塩	35	ガーリックペースト	0.5
MSG	14	ジンジャーペースト	0.7
リボヌクレオチドナトリウム	1	りんごペースト	1.4
脱脂粉乳	20	オニオンパウダー	0.2
HVP	10	**チキンエキス**	0.7
チキンエキスパウダー	20	しょうゆ	1
ソースパウダー	20	ウスターソース	0.7
カレー粉	100	上白糖	2.3
フライドオニオンフレーバー	15	食塩	0.8
フライドガーリックフレーバー	5	香辛料	0.1
合計	990	添加水	77.4
特徴：**HVP** および**チキンエキス**を使用したコク味の付与，フレーバーによる香気の強化. (加工食品向け)		合計	100
		特徴：酵母エキス「**ハイパーミースト HG-PdD20**」の使用により，うま味，コク，スパイス感，辛さ，カレー風味が引立てられ，レトルト臭が抑えられた.（加工食品用）	

3.　ドライカレーの素[7]（%）	
牛豚挽肉（7：3）	30
玉ねぎ（みじん切）	15
トマトペースト	15
ソテーオニオン	5
カレーフレーク NB	5
カレー粉	3
キャロットピューレ	3
ホワイトルウ	3
上白糖	2
サラダ油	1
こく味調味料 CP-200	1
ハイクッククックドビーフ M	1
オルコックチキンブイヨン R	1
ハイクックオニオンエキス C	0.5
クミンパウダー	0.4
カルダモンパウダー	0.1
グルエース（MSG）	0.7
食塩	1
HPP-4BE	2
水	10.3
合計	100

作り方：① フライパンでサラダ油を熱し玉ねぎを炒める．② 更に肉を入れ色が変わるまで炒める．③ 残りの原料を入れて軽く炒める．④ ご飯 100g にドライカレーの素 30g を加えてよく混ぜる．

特徴：肉のうま味がしっかりと味わえ，スパイス感が際立った食欲をそそるドライカレーができる．（加工食品向け）

4.　カレーライス[7]（g）	
サラダ油	10
豚肉（一口大カット）	150
玉ねぎ（1cm 幅串切り）	150
にんじん（一口大カット）	50
じゃがいも（一口大カット）	150
水	500
煮詰め野菜のうまみだし	30
カレーフレーク NB	65
白ご飯	適量

作り方：

①それぞれの具材をカットする．

②鍋にサラダ油を熱し，豚肉・玉ねぎ・にんじんを入れて炒める．

③豚肉の色が変わったら，じゃがいも・水を加えて，具材がやわらかくなるまで弱火で煮込む．アクが出たら丁寧に取り除く．

④火を止めて煮詰め野菜のうまみを出し，**カレーフレーク NB** を加えて 10 分間程度煮込む．

⑤白ご飯の上にかける．

特徴：

野菜の甘味とコクがアップしたマイルドな辛さとまろやかな甘味のカレーができる．お好みで具材を変えて楽しめる．

煮詰め野菜のうまみだし：香味野菜ベースのペースト状の調味料．煮詰めた野菜のうま味・煮込み料理のような調理感を付与できる．（中食・外食向け　3 人分）

5.5.4　マヨネーズ・ドレッシング類への利用

マヨネーズ・ドレッシング類は，全国マヨネーズ・ドレッシング類協会によると，**図5.1**のように分類されている．

これらは，食品表示法に基づく「食品表示基準」および「ドレッシング類の表示に関する公正競争規約及び施行規則」に基づいて分類されたものである．

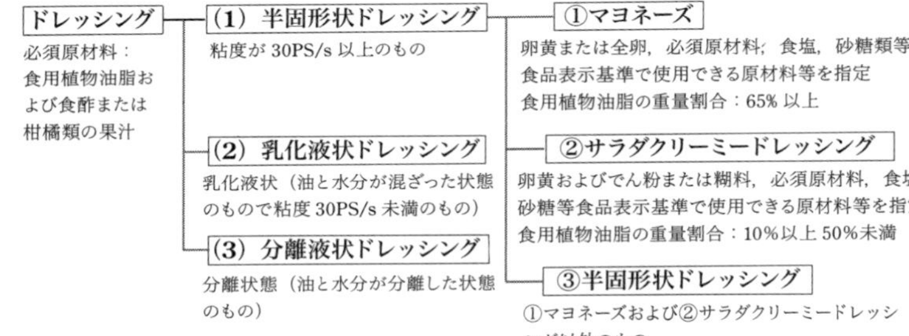

図5.1　マヨネーズおよびドレッシング類の分類

1)　業界の動向[17)]

マヨネーズは大手企業が中心であり，油脂分の低減など健康志向や，保存性の向上などの技術開発が行われている．

消費量が野菜の価格に影響されるといわれ，生野菜の食べ方の提案として，健康を志向しながら伸びている．2018年ではマヨネーズ類が284,500トン，1,005億円，ドレッシング類が132,500トン，1,403億円と大きな市場になっている．

2）処方例

マヨネーズおよび3種類のドレッシングの処方例を示す．

1.　マヨネーズ[18]（%）			
サラダ油	72	マスタード	3
食酢	10	白コショウ	0.3
卵黄	12	MSG	0.2
砂糖	1	合計	100
食塩	1.5	**特徴**：家庭用マヨネーズ	

2.　ノンオイル和風ドレッシング[7]（%）	
濃口しょうゆ	10
アマミン 500MC（甘味料）	10
穀物酢 9.5，上白糖 5	14.5
高酸度酢（10%）	3
ハイクックカツオブシコンク YN	1
いりごま白	1
ハイクックオニオンエキスパウダーA	1
オニオンペースト	0.3
すりにんにく	0.2
酵母エキス C	0.2
グルエース（MSG）	1
オルノーX2（キサンタンガム）	0.3
リボタイド（核酸調味料）	0.1
醤油ペースト Y-1	1.5
HPP-4BE（HVP）	1
ソルテイスト KL（減塩調味料）	0.3
イーストライカー（酵母エキス）	0.2
クエン酸 KK（16M）	0.1
水	54.3
合計	100
特徴：しょうゆ風味が引き立ったメリハリのある味減塩調味料で 50%減塩，サラダ以外に肉，豆腐とも相性が良い．（加工食品向け）	

3.　シーザーサラダドレッシング[19]（%）	
ハイパーミースト CH-01	0.2
マヨネーズ	50
パルメザンチーズパウダー	4
砂糖 3.5，食塩 1.2	4.7
レモン汁	2.5
ブラックペッパー	0.5
アンチョビエキス	0.1
にんにく	0.2
MSG 0.5，キサンタンガム 0.3	0.8
水 37 を加えて合計	100
特徴：ハイパーミースト CH-01（酵母エキス）の使用により，図のようにチーズ感を始め各項目で改善されている（加工食品用）	

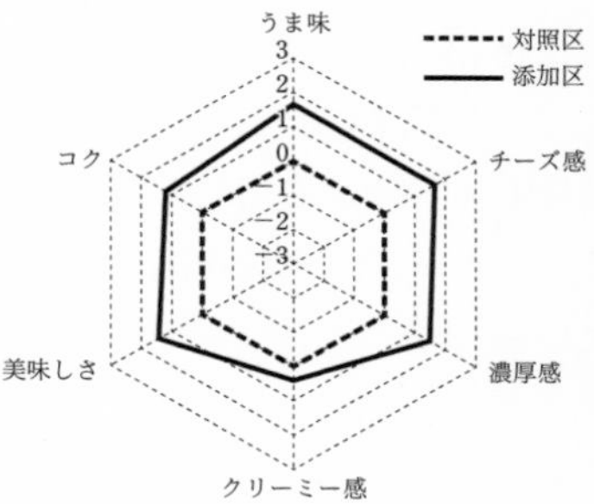

うま味　チーズ感　濃厚感　クリーミー感　美味しさ　コク（3, 2, 1, 0, −1, −2, −3）　対照区（破線）　添加区（実線）

5.5.5 風味調味料・液体だしへの利用

ここでは，かつお節やこんぶなどの和風の風味調味料と，液体だしを対象とする．こんぶやかつお節は日本では古来からだしとして使われ，和食の調味の基礎となり，日本人の味覚の基礎を作り上げたといえる．これらのだし素材を，使いやすい形に仕上げたものが風味調味料である．

風味調味料のJAS規格においては，「調味料（アミノ酸等）及び風味原料（節類，煮干し魚類，こんぶ，貝柱，椎茸等の粉末又は抽出物）を加え，乾燥し，粉末状，顆粒状にしたもので，調理の際風味原料の香り及び味を付与するもの」とされている．これは，簡便性を志向する近年では，みそ汁を始め各種の家庭料理に使用されている．

液体だしも，こんぶ，かつお節などの液体版で，つゆ・たれ，煮物など各種の調理に使用されている．

1） 業界の動向

風味調味料の近年の年間売上高は，JAS規格品，JAS外品を含めて，2018年で52,150トン，593億円程度である．近年は，和風だしより加工度を上げたメニュー対応調味料（煮物の素，鍋物の素，すき焼きの素など）の発達に伴って使用量の伸長が抑えられている．

液体和風だしは，価格面，風味が良い，使いやすいなどの利点があり，年間64億円強の売上である．この領域では，白しょうゆや淡口しょうゆを使用した白だし類が注目されている．色の薄い食品やデリケートな風味を志向するおでんだしなどの調味に有効とされている．

2）処方例

4 種類の処方例を示す.

1. かつおだしの素[20]（%）	
食塩	32
MSG	25
核酸系調味料（5′-リボヌクレオチド）	1
荒節粉末	7
本節粉末	5
こんぶ粉末	0.5
かつおエキス粉末	5
糖類（ブドウ糖）	24.5
合計	100

作り方：混合して粉末または混錬・造粒・乾燥して顆粒化する.
特徴：かつお節風味が強い

2. いりこだし[20]（%）	
食塩	33
MSG	27
核酸系調味料（5′-リボヌクレオチド）	0.8
コハク酸ナトリウム	0.6
いりこ粉末	9
煮干しエキス粉末	4
クエン酸	0.3
HVP	5
糖類（ブドウ糖）	20.3
合計	100

作り方：混合して粉末または混錬・造粒・乾燥して顆粒化する.
特徴：煮干し風味が強い

3. 液体かつおだし[20]（%）	
食塩	9
MSG	8
核酸系調味料（5′-リボヌクレオチド）	1
コハク酸ナトリウム	0.4
かつおエキス	20
こんぶエキス	3
糖液（果糖ブドウ糖液）	30
キサンタンガム	0.1
HVP ペースト	5
水	23.5
合計	100

作り方：各原料を水に溶解して加熱殺菌する.
特徴：かつお節風味が強い液体だし.

4. あごだし風味だし[7]（g）	
うすくちしょうゆ	20
だし本番　焼きあごだし	8
本みりん	4
上白糖	3
水	310
合計	345

作り方：混合して加熱殺菌してあご風味だしができる．うどんつゆとして使用できる.
特徴：**だし本番　焼きあごだし**は直火焼きした香ばしいあごの風味豊かなだしが手軽に再現できる．顆粒状なのでサッと溶け，だしを取る手間を省くことが可能．雑味が少なく，甘みのある上品なだしが，幅広い料理の味を引き立てる.（加工食品向け）

5.5.6 ソース類への利用

外国では液状の調味料を総称してソース（Sauce）といい，非常に範囲の広いものであるが，わが国では，JAS 法で規定されているウスターソースを中心に，中濃ソース，濃厚ソースと粘度の大小によって分類されている．その他トンカツソース，トマトソース，ハンバーグソース，焼きそばソースなど料理を対象に各種のソースが開発されている．

これらのソースには，野菜，果実，食酢，糖類，香辛料に加えて，でん粉や各種のエキス調味料やたん白加水分解物が風味と味の向上のために使用される．

1） 業界の動向

近年の国内におけるウスターソース類の売上は，2018 年度で 139,500 トン，528 億円程度であり，そのたパスタソースが 422 億円，トマトソースなどが数十億円程度である[21]．各社，メニュー別のお好み焼，もんじゃ焼きなどのソースが開発され，海外でも利用されている．各社健康訴求型の新製品や少量容器品の開発が進んでいる．同時に，熟成，炒め，うま味などを強調した調理用途の拡大を目指している．このために，天然系調味料の利用が進んでいることが，表示などからも明らかである．

2）処方例

ウスターソースなど 4 種類のソースの処方例を示す.

1. ウスターソース[22]（g）	
玉ねぎ 55.5g, にんじん 33.5g	89
にんにく 11.1g, しょうが 5.6g	16.7
陳皮	2.8
トマトピューレ	30
食塩 90g, 砂糖 120g	210
ソルビトール（70%）	20
液糖（果糖ブドウ糖液）	60
デキストリン 5, カラメル 30	35
味液（アミノ酸液）	75 mL
MSG	1.5
核酸系調味料（5′-リボヌクレオチド）	0.4
アジメート（配合型天然系調味料）	0.55
スパイスミックス※	7.3
クエン酸 5.0g, 酒石酸 2.7g	7.7
リンゴ酸 1.8 g, クエン酸 Na1.5 g	3.3
氷酢酸 6mL, 食酢 60mL	66 mL
合計（出来上がり）	1 L

※クローブ 0.8 g, ナツメッグ 0.2 g, シナモン 0.8 g, タイム 0.5 g, セージ 0.5 g, ローレル 1.4 g, レッドペパー0.9 g, ハワイトペパー0.5 g, にんにく 0.2 g, 玉ねぎ 1.5 g のミックス.

作り方：混合して水を加えて 1 L に仕上げる.

特徴；**アジメート**, 味液, うま味調味料で味が強化され, スパイスや有機酸類で特徴がでる

2. ミートソース（30%減塩）[7]（g）	
トマトペースト	16
玉ねぎみじん切	13
牛・豚合挽肉（5：5）	10
サラダ油	2.5
にんじんピューレ	2
上白糖 2.00%, 食塩 0.75%	2.75
すりにんにく	1
ハイクッククックドビーフ M	1
トリニティワイン徳用赤	1
ハイクックオニオンエキス C	0.5
ローストガリックパウダー	0.5
セロリー末	0.1
ホワイトペパーパウダー	0.1
MSG	0.2
ポルテトマト発酵液	1
ソルテイスト RS（減塩調味料）	0.3
HPP-4BE 0.17%, WA-3(HVP) 0.17%	0.34
加工でん粉	1
合計　水 46.71%を加えて	100

特徴:30%減塩で, 先味, トマト感, ビーフ感を増強しバランスの良いソース

ソルテイスト RS：食塩味を増強し, 減塩. 食品の風味改善に特化した調味料.（加工食品向け）

3. トマトソース[7]（%）	
カットトマト缶	65
トマトペースト	5
オリーブオイル	2
オルコックチキンブイヨンプレミアム	0.6
ガーリック末	0.3
オレガノ末	0.02
トリニティワインエルブーケ	3
上白糖	1
食塩	0.75
水	残量
合計	100

特徴：**トリニティワインエルブーケ**（調理用ベルモット）を使用することで，香草由来の華やかな風味が加わり，高級感あるトマトソースに仕上がる．
また，**オルコックチキンブイヨンプレミアム**（スープ系天然調味料）で鶏肉を煮込んだ時の上品なチキン風味を付与する．
（加工食品向け）

4. 焼きそばソース[23]（g）	
濃口しょうゆ	36
還元でん粉糖化物	35
上白糖 7.3%，食塩 5.0%	12.3
MSG	1.2
HAP	2
ビーフエキス	0.5
カラメル	0.5
ジンジャーペースト	0.4
ガーリックペースト	0.3
オニオンエキス 0.2%，ごま油 0.4%	0.6
エコーガム（増粘剤）	0.2
コハク酸二ナトリウム	0.07
リンゴ酸	0.05
ウスターソース	2.5
ホワイトペパー	0.05
トウガラシパウダー	0.05
オレンジコンク	3
合計　　水 5.28	100

作り方：原料溶解，加熱して仕上がる．
特徴：コクがありビーフ風味が強い

5.5.7　食肉加工品への利用

食肉加工品には，ハム，ベーコンの単味品類とプレスハムやソーセージ類，ローストビーフなどがある．また，牛，豚肉に鶏肉を加えた食肉加工品としては，ハンバーグ類，ミートボールがあり，近年話題になっているササミチキンの加工品などがある．さらに調味食肉類としてステーキ，カツ類，焼き豚などがある．

JAS規格では，ハンバーガーパティ，チルドハンバーグステーキ，チルドミートボール，ベーコン類，ハム類，ソーセージについて，表示の用語，品質の規格，原材料や添加物の規格基準が定められている．これらの食肉加工品では，風味やうま味の向上，コク味の増強のために，エキスやたん白加水分解物，配合型の天然系調味料が使用されている．これらの調味料は，植物たん白などの副資材の風味の改善と風味の増強に有益である．

1)　業界の動向[3)]

国内における食肉加工品の2018年の売上高は，ハム139,000トン，2,610億円，ソーセージ317,000トン，3,510億円，ベーコン96,000トン，1,370億円と横ばい基調にある．一方，サラダチキンや調理加工食品は増大の傾向を示している．

2)　処方例

1. プレスハムピックル液[24)]（%）		**2. ポークウインナーソーセージ**[25)]（kg）	
食塩	6	1. タネ（荒挽き感を出す部分）	
砂糖	1	豚肩肉（豚うで肉）（脂肪分30%）	59.5
アスコルビン酸ナトリウム	0.3	ピックル液※	10.5
重合リン酸塩	0.8	計（タネ）	70
ブドウ糖	3	2. ベース（エマルジョン部分）	
MSG	1	豚うで肉（脂肪分30%）	25.5
発色剤（亜硝酸塩，硝酸塩）	0.06	ピックル液※	4.5
ポークエキス	2	計（エマルジョンベース）	30
発酵乳酸ナトリウム	2	※食塩11.0%，砂糖4.0，**ポークエキス**2.6 MSG1.0，重合リン酸塩0.08，アスコルビン酸Na1.0 発色剤0.08，保存料0.67，冷水77.23，計99.28%	
動物性たん白	5	タネ	70
植物性たん白	2	**ポークエキス**	0.3
色素	0.4	香辛料	0.75
くん液	0.07	発酵乳酸ナトリウム	1
水	76.37	エマルジョンベース	30
合計	100	計	102.05
作り方：塩漬工程でピックル液をインジェクション（125%）する．		**作り方**：タネ〜エマルジョンベースを混和してミートエマルジョンを作りケーシングする．	

3. 和風ローストビーフ[7] (g)	
牛もも肉（かたまり）	300～400
味噌	200
熟成蔵出し　黒みりん	大さじ2
＜A＞	
みそ	大さじ3
熟成蔵出し　黒みりん	大さじ2
清酒　春桜15	大さじ1

作り方：①牛肉にフォークで穴をあけみそと黒みりんを塗り付け1日置く　②フライパンでキツネ色になるまで焼き，230～250℃で30分位焼く
③＜A＞のソースを混ぜ合わせて，レンジで加熱する（600Wで20～30秒）
特徴：シンプルな調理でコクとビーフ風味豊かな味に仕上がる．（中食・外食向け）

4. 黒チャーシュー[7] (g)	
ごま油	20
玉ねぎ（みじん切り）	120
しょうが（すりおろし）	20
にんにく（すりおろし）	10
豚ロース肉ブロック	800
＜A＞**清酒　春桜淡麗**	50
麺活　醤油ラーメンスープ黒	150
水	150

作り方：①具材をカット　②鍋にごま油を熱し，玉ねぎ・しょうが・にんにくを炒める　豚ロース肉を加え表面に焼き目をつける　③＜A＞を加え煮込む　④アクがでたら取り除き，中火で40分間煮込む，途中で2～3回ひっくり返す．
特徴：ジューシーで味の深い煮豚ができる．（中食・外食向け）

5. ハンバーグ[7]（%）	
合挽肉（牛6：豚4）	43
豚脂	10
ソテーオニオン	13.5
卵	4.7
生パン粉	5.5
粉末分離大豆たん白	2
MSG 0.5，食塩0.6	1.1
黒こしょう0.1，ナツメグ0.1	0.2
水	19
ハイクック　クックドビーフM	1
合計	100

特徴：**ハイクック　クックドビーフM**を使用することでビーフ感，ロースト感のあるハンバーグに仕上がる．
（加工食品向け）

6. サラダチキン[7]（%）	
鶏むね肉	80
食塩1，上白糖1.1	2.1
醸造酢	0.3
キュアリング205Y（焼豚用）	0.3
粉末状植物性たん白	0.3
粉末卵白	0.3
加工でん粉0.2，MSG 0.2	0.4
ホワイトペッパー末	0.001
ローレル末	0.007
トリニティワインエルブーケ	1.5
カードラン	0.5
水	調整
合計	100

特徴：フルーティで華やかな風味のサラダチキンに仕上がる．（加工食品向け）

5.5.8 水産加工品への利用

水産加工品は，原料となる水産物の種類が多様であること，加工，技術の方法が多いこと，調味，味付けなどの方法が豊富であることから，その種類はきわめて多いのが特徴である．製品を大別すると，乾製品，塩蔵品，くん製品，節製品，調味加工品（調味乾燥品，佃煮類など），冷凍食品，ねり製品等に分けることができる．

なかでも，水産ねり製品は日本で発達した加工食品であり，天然系調味料の需要も多い．水産ねり製品の主要な原料であるスケソウタラの冷凍すり身は，その製造工程で水さらしが行われるため，本来の呈味成分が消失する．水さらしは冷凍保存や加工適性の改良のために行うものであるが，本来の魚の味を出すために，調味料を加えることが必要となる．練り製品を始め，水産加工品はエキス，HVP，HAP などの主要な需要先といえる．世界で広く製造販売されているかに風味かまぼこでは調味料の役割が重要である．

また，近年では水産物を原料としたシュウマイや鍋物など，いわゆる惣菜としての需要が増大し，簡便化志向の一翼を担っている．

1） 業界の動向[26)]

水産加工品のうち，調味料類の最大需要先である水産練り製品は，2018 年で生産量 510,091 トン，売上 2,637 億円で，横ばい基調である．かに風味かまぼこなどの伸長がみられるが，冷凍すり身の生産量や価格に影響を受ける特徴がある．その他調味料が使用される味付け海苔などの加工海苔が 6,700 百万枚で 1,970 億円，塩辛，つくだ煮他が 337,000 トンで，2,275 億円の売上高となっている．

これらの業界も，惣菜志向，減塩，健康，簡便化の傾向が進んでいる．

2) 処方例

1. かまぼこ[27] (kg)	
シログチ	21
冷凍スケソウすり身（加塩）	25
食塩1，でん粉2.4	3.4
砂糖2，卵白2	4
塩みりん	2
氷	4
MSG	0.3
配合型天然系調味料（HVP他）	0.3
合計	60

工程：原料解凍→擂潰→氷・食塩・調味→擂潰→成型→坐り→加熱→冷却→包装（一般のかまぼこ）

2. ちくわ[28] (kg)	
冷凍スケソウすり身（無塩）	80
小麦でん粉	5.5
砂糖1.2, 水5	6.2
塩みりん	1
重合リン酸塩	0.1
配合型天然系調味料（HVP他）	1.5
食塩	2.4
合計	96.7

工程：原料解凍→擂潰→氷・食塩・調味→擂潰→成型→坐り→加熱（焼き）→冷却→包装
（一般のちくわ）

3. かに風味かまぼこ[29] (kg)	
冷凍スケソウすり身（特級）	100.0
かまぼこ用配合調味料	0.5
MSG 0.5，砂糖0.5	1
ソルビット（70％）	1
卵白	7
塩みりん	5
でん粉	5.5
グリシン	1
かにフレーバー	0.5
かにエキス	1.5
食塩	3
氷	20
合計	146

工程：原料解凍→擂潰→氷・食塩・調味→擂潰→押出し成型→蒸し→加熱→束ね→モナスコレッド着色すり身で結着→加熱→冷却　→包装
（一般のかに風味かまぼこ）

4. かにシュウマイ[7] (%)	
すり身（無塩）	30
玉ねぎ（ボイル）	23
かに肉	5
片栗粉	5
豚脂	4
卵白パウダー	2
食塩0.9，砂糖1，MSG 0.2	2.1
ホワイトペッパー	0.1
オルファイバーSN-2（増粘安定製剤）	2
フィッシュエイドかに	1
ハイクックかにエキスパウダー	0.5
CM-E（HAP配合型天然系調味料）	0.2
水25.1を加えて合計	100

作り方：①すり身に各原料を混合　②10gづつ成型し，細切り皮をつける　③スチームコンベクション加熱（95℃）　④粗熱をとり急速冷凍　⑤電子レンジで加熱

特徴；フィッシュエイド，ハイクックで柔らか触感を保ち特有のあまいかに風味　（加工食品向け）

5.5.9　漬物類への利用

漬物では塩の作用が重要で，塩漬けが始まりで，野菜を海水に漬けて干すなどの手法が源流といわれ，弥生時代にはみそ，しょうゆなどの出現により調味漬けが始まった．

野菜を塩漬けにすると，浸透圧の働きで細胞から水分がしみ出て組織がしんなりする．これが漬かった状態で，さらに野菜から出た成分を栄養源に乳酸菌などが発酵して独特の風味が生成する．保存性がよくなるのは，高い浸透圧が腐敗菌の活動を抑えるためである．

現在の農産物漬物は**表 5.8** のように分類されている．魚，肉の漬物もあるが，一般に漬物は，農産物を主体にしたものをいい，農産物漬物といえば正確である．

農産物漬物の JAS 規格があり，名称などの用語や使用原材料が定められており，漬物の種類によって異なるが，各種の調味料類の使用が認められている．

表 5.8　農産物漬物の分類[30)]

分　類	野菜等を漬込む材料	漬物例
塩　漬	塩主体の材料で漬込む	らっきょう漬，つぼ漬，梅干し，白菜漬　他
醤油漬	醤油主体の材料で漬込む	福神漬，しば漬，山菜醤油漬，菜類の醤油漬他
味噌漬	味噌主体の材料で漬込む	山菜みそ漬，大根みそ漬　他
粕　漬	酒粕主体の材料で漬込む	奈良漬，わさび漬，山海漬　他
麹　漬	麹主体の材料で漬込む	べったら漬，三五八漬，セロリー粕漬　他
酢　漬	食酢等主体の材料で漬込む	千枚漬，らっきょう漬，はりはり漬　他
糠　漬	糠主体の材料で漬込む	たくあん漬，なすの糠漬，糠みそ漬　他
辛子漬	辛子粉主体の材料で漬ける	なす辛子漬，ふき辛子漬　他
諸味漬	醤油・味噌諸味に漬ける	こなす諸味漬，きゅうり諸味漬　他
その他	上記外の乳酸発酵したもの	キムチ，すんき漬，サワークラウト　他

近年漬物は，低塩志向の傾向が強く，簡便性の観点から包装後低温殺菌した浅漬けやキムチの消費が拡大している．

1) 業界の動向[31)]

漬物類の2006年度の売上高は，4,114億円，2016年で3,763億円と報告されている．2017年度の生産量では，キムチ22%，浅漬類19%，他漬物13%，福神漬8%，しょうが漬8%，糠漬類7%となっている．

漬物は伝統的な加工食品であり，北海道の松前漬，東京のベッタラ漬，福島の三五八漬，京都の千枚漬，すぐき，長野の野沢菜漬やスンキなど各地の特産品がある．

2) 処方例

1. 福神漬[32)]		**2. らっきょう漬**[33)]	
塩漬大根	70 kg	MSG	50 g
塩漬なす	22 kg	クエン酸70 g, リンゴ酸90 g	160 g
なたまめ	2.5 kg	フマール酸	235 g
れんこん	2.5 kg	コハク酸ナトリウム	17 g
しその実	1.5 kg	酒石酸	90 g
生しょうが	1.5 kg	砂糖	20 kg
＜調味液＞		ソルビット（70%）	12 kg
濃口醤油	30 L	酢酸	390 mL
淡口アミノ酸液（HVP）	10 L	乳酸（50%）	240 mL
水	7 L	**配合天然系調味料（HVP）**	50 g
乳酸70 g, クエン酸20 g, リンゴ酸20 g	110 g	**配合天然系調味料（HAP）**	25 g
MSG	1.2 kg	水	28 L
コハク酸ナトリウム	5 g	**作り方**：らっきょう1：調味液1の割合で漬込む **特徴**：甘味，酸味，うま味のバランスがとれ，色の良いらっきょう漬	
配合天然系調味料（HVP）	5 g		
作り方：刻んだ原料野菜の混合物に上記調味料を加えて漬込み熟成させる． **特徴**：うま味とコク味の強い福神漬			

3.　白菜のキムチ漬[7]（%）	
韓国唐辛子	8
リンゴピューレ	15
生すりにんにく	7
生すりしょうが	3
ハイクックこんぶエキス T-3	1.6
アジパワー MS 魚醤風味	1
AM-3S	2
MSG	4
乳酸（50%）	1
ハイクックかつおぶしコンク F-4	1
食塩	1.5
上白糖	3.5
サネット（甘味料甘味度約 200）	0.003
シュガール S-125	0.006
果糖ブドウ糖液糖	7
ハイクック沖アミペースト	1
加工でん粉	1.3
ラフス CC（野菜発酵調味料）	3
水	残量
合計	100

作り方：①下漬け　白菜はカットし，重量の 2.2%の塩をふり，30 分放置．2.2%食塩水を白菜重量 30%注ぎ，脱気して 5℃24 時間浸漬する．翌日収率 60%まで脱水する．

②本漬け　脱水した白菜重量の 30%上記調味液とみじん切りにら（1 g/ 白菜 100 g）を混ぜ合わせ，脱気して，5℃ 48 時間浸漬する．

特徴：高甘味度甘味料“**サネット**”を使用した白菜キムチ，先味でキレの良い甘味，爽やかな酸味が広がり，甘味とうま味が持続するキムチができる．（加工食品向け）

4.　簡単カラフルピクルス[7]（g）	
赤パプリカ（1.5 cm 角カット）	30
黄パプリカ（1.5 cm 角カット）	30
カリフラワー（小房カット）	80
セロリ（4 cm 幅カット）	70
ミニトマト（湯剥ぎ）	120
キャベツ（一口大カット）	160
＜Ａ＞洋風ピクルス液	
トリニティワインエルブーケ	20
麺活　塩ラーメンスープ貝	20
オリーブオイル	20
カリカリ梅（みじん切り）	10
粗挽きブラックペッパー	適量
＜Ｂ＞和風ピクルス液	
穀物酢	30
本格糠漬け発酵エキス糠絞り S	25
オリーブオイル	20
カリカリ梅（みじん切り）	10

作り方：
①それぞれの具材をカットする．
②赤パプリカ・黄パプリカ・カリフラワー・セロリはさっと塩茹でし，ミニトマトは湯剥きしておく．
③＜Ａ＞と＜Ｂ＞をそれぞれ混ぜ合わせて作り，①の具材を半分に分けて加え，10～15 分くらい味をなじませる．
④＜Ａ＞は盛り付けの仕上げに，ブラックペッパーをふる．

特徴：薫り高い**トリニティワイン エルブーケ**と**麺活　塩ラーメンスープ貝**をベースとした洋風ピクルス，**本格糠漬け発酵エキス糠絞り S** をベースとした和風ピクルスが簡単に出来上がる．（中食・外食向け，5～6 人向け）

5.　べったら漬[34)]	
中漬大根	70 kg
米麹	1 kg
温水	2 L
砂糖（白ザラ）	6 kg
ソルビット（70%）	3 kg
食塩	800 g
MSG	60 g
コハク酸ナトリウム	10 g
配合天然系調味料（HAP）	25 g
塩みりん	0.5 L
ステビア甘味料（50倍甘味度）	20 g
作り方：大根を剥皮し，下漬は6%の食塩を加え，2日後中漬（食塩1%，砂糖10%添加）次いで上記原料の麹床に漬込み，押し蓋と重石をする．8〜10日で出荷する． **特徴**：新鮮な甘味に富んだ歯切れのよい漬物になる．	

6.　きゅうりの浅漬け調味液[7)]（%）	
アマミン500MC（甘味料）	20
食塩	12
上白糖	7
果糖ブドウ糖液糖	2
醸造酢（4.2%酸度）	0.3
濃口しょうゆ	6
MSG	10
ハイクックこんぶエキスT-3	4
AM-3S（**HVP配合調味料**）	2
コハク酸	1.9
唐辛子エキス	2.5
合計　　水を加えて	100
作り方：野菜重量の1/2目安，きゅうりをカットし調味液を混合し，軽くもみ30分浸漬する． **特徴**：スタンダードな浅漬調味液，甘味とうま味のバランスが良い．（加工食品向け）	

5.5.10　米菓・スナック菓子への利用

米菓は米を原料とするお菓子で，原料米の種類によってあられ，おかき，せんべいに分かれる．一方のスナック菓子は，トウモロコシ，米，いも類，豆類などを用い，成型，フライ，パフなどによって作られるチップ類，フライ類，パフ類が含まれる．そのような，米菓とスナック菓子の分類を**表5.9**に示した．

表 5.9 米菓とスナック菓子の分類

大分類	主原料	中分類	小分類
米菓	もち米	あられ（小型），おかき（大型）揚げせんべい	
	うるち米	せんべい類(焼きせんべい)	草加型（かため），新潟型（ソフト），ぬれせんべい
		(揚げせんべい)	
スナック菓子	ポテト トウモロコシ，小麦	チップ フライ パフ	ポテトチップ コーンチップ 成型チップ　その他

米菓，スナックの調味は，① 生地への混合　② 成型・加熱後の味付けの2方法に分けられるが，成型・加熱工程後の味付けが多い．②の成型・加熱後の調味は次の工程で行われる[35]．

・液体調味料の場合

揚生地 ┐→ドブ漬→振切り→乾燥→製品
焼生地 ┘→スプレーかけ→乾燥→製品
焼生地 →スプレーかけ→乾燥→油かけ→製品
焼生地 →乳化調味料かけ→乾燥→製品

・粉末調味料の場合

フライ生地→振りかけ→製品
ノンフライ生地→油かけ→振りかけ→製品
ノンフライ生地→スプレー → 製品
かけ油に調味料分散

液体調味料は浸漬またはスプレーかけ法で，粉末調味料は振りかけまたは油に調味料を分散した後，スプレーする油かけ法で調味される．

米菓およびスナック菓子に用いられる調味料は，和風，洋風，中華風，エスニック風などである．また，ピリ辛など各種の風味で特徴を出しているのが現状であり，調味が重要である．

1）　業界の動向[3)]

少子高齢化が進む中，菓子業界は中高年をターゲットに健康・機能性を訴求した商品開発が進められている．急増する訪日外国人の菓子購入のウエートも高くなり，新たな販路となっている．

あられ，せんべいの米菓は2018年223,000トンで2,820億円の売上で，前年比微増である．

一方のポテトチップスなどのスナック菓子は232,000トン，で2,980億円と横ばいの生産量である．

2）　処方例

1.　おかきのたれ[36)]	
濃口しょうゆ	18 L
砂糖	1.8 kg
でん粉	0.4 g
水飴	0.3 g
複合調味料（MSG＋核酸系）	250 g
配合天然系調味料（HVP）	150 g
コハク酸ナトリウム	5 g
クエン酸	10 g

作り方：
①調味料を混合してたれを作る．
②焼き生地をたれに漬けて液を切る．
③乾燥して製品になる．

特徴：うま味とコク味が強くしょうゆ風味がいきている．（加工食品用）

2.　えび風味調味液[37)]（%）	
食塩	10
MSG	8
核酸調味料	0.5
エビパウダー	20
えびエキス	8
HVP	10
粉末しょうゆ	8
唐辛子末	0.3
コハク酸ナトリウム	0.5
ブドウ糖	34.7
合計	100

作り方：混合調味料をフライ生地に振りかける．

特徴：えび風味とうま味が強いスナック．（加工食品用）

3.　バーベキュー風味[37]（%）		**4.　米菓用調味液（だし醤油）**[7]（%）	
食塩	14	濃口しょうゆ	50
MSG	12	上白糖	0.6
核酸調味料	0.6	本みりん	0.3
ローストビーフエキスパウダー	25	**ハイクックこんぶエキス T-3**	1.4
オニオンエキスパウダー	4	**ハイクックかつおぶしコンク F-4**	0.4
粉末しょうゆ	10	**魚醤 NP-K7（液体）**	0.05
HVP	5	**醤油ペースト Y-1**	0.6
ガーリックパウダー	0.3	**イーストライカーDS（酵母エキス）**	0.2
胡椒	1.1	**酵母エキス W**	2.4
唐辛子	1	加工でん粉	4
ブドウ糖	27	合計（水を加えて）	100
合計	100		
作り方： ①調味料を混合して粉末調味料を作る. ②フライ生地に振りかけて製品になる. **特徴**：**ローストビーフエキスパウダー**と**オニオンエキスパウダー**でバーベキュー風味が強化される．うま味，コク味が強化される. (加工食品用)		**作り方**： ①生地を乾燥機で 70℃× 10 分間温める. ②調味液を作成する（配合品を溶解し，85℃まで加熱する. ③生地を調味液に浸漬し，90℃で 80 分間乾燥させる. **特徴**：こんぶとかつおの風味が良く効いただし醤油味の米菓．**イーストライカーDS** が先味，だし感としょうゆ風味をアップする．（加工食品用）	

5. スナック用シーズニング[7]（%）	
オルコックビーフブイヨンDX	13
グラニュー糖	7
ハイクックビーフ風味	6
HPP-4BE（HVP）	5
ソルテイストRS（減塩調味料）	4.5
シルビン（塩化カリウム）	4.5
ハイクックローストビーフ	3.5
こく味調味料HS-100	2
オニオンエキスパウダー	2
ガーリックパウダー	1.2
ハイクックオニオンエキスパウダーA	1
ビーフコンソメ香料	0.4
セロリパウダー	0.3
リボタイド（核酸系調味料）	0.1
コハク酸二ナトリウム（粉末）	0.1
クエン酸（無水，微粉）	0.1
ホワイトペッパー	0.1
デキストリン	49.2
合計	100

作り方：粉末調味料を生地に振りかける．
特徴：50%減塩のスナックシーズニング，バランスの取れた配合で減塩を感じない．（加工食品用）

6. スナック用シーズニングチーズ味[7]（%）	
チーズパウダー	39
ホエイパウダー	14
グラニュー糖	21
MSG（微結晶）	8
リボタイド（核酸系調味料）	0.2
精製塩	10
Mfパウダー B1（チーズ風味調味料）	0.5
こく味調味料MP-300	1
粉末しょうゆ	1
WA-3（HVP）	1.5
シュガール**S-25（甘味度25）**	0.2
チーズフレーバー	0.1
着色料	0.1
イーストライカーDS（酵母エキス）	3
デキストリン	0.4
合計	100

作り方：ポテトチップなどの上かけ粉末調味料．フライ生地に振りかける．
特徴：次から次に手を伸ばしたくなるには先味のインパクトと後味のキレが良いことである．酵母エキスを活用した濃厚なチーズ風味が広がる．
（加工食品用）

5.5.11 冷凍食品・レトルト食品・惣菜類への利用

食の簡便化，冷凍やレトルト殺菌技術の発達に伴い，調理加工食品が増大している．また，調理済みのおかず類である，惣菜と呼ばれるジャンルも近年著しく伸びている．

少子高齢化，世帯人員の減少などの社会構造の変化から，食事や調理行動が変化している．すなわち，家庭で食事の準備にかける時間が減少し，食卓に並ぶメニューが手作りから半手作り，調理済み食品を活用したセットアップ式に変化している．

表5.10に冷凍食品・レトルト食品・惣菜類の定義と特徴をまとめた．これらの食品には，ハンバーグや焼きそばなどの調理食品そのものや，メニューに対応でき，簡便に調理ができるカレー，シチュー，中華調味料の素などがある．同時に，電子レンジを使うレンジ対応食品も含まれており，簡便さを追求したものが多く，エキス類などの天然系調味料で味付けされたものが多い．これは，食品表示法に基づいて使用原材料が全て表示されるため，各包装食品の一括表示欄を見ることにより，ビーフエキス，酵母エキス，かつお節エキス，たん白加水分解物などの表示を確認することができる．

1） 業界の動向[38)]

日本冷凍食品協会によると，2018年のわが国の冷凍食品の国内生産は，数量が1,587,008トンと前年を僅かに下廻り，金額（工場出荷額）は7,154億円とほぼ横ばいと報告されている．品目では，うどん，ギョウザ，ラーメンが2〜6%増加している．

表 5.10　冷凍食品・レトルト食品・惣菜類の定義と特徴[38)]

分類	定　義	種類・規格
冷凍食品	①前処理している ②急速凍結している ③適切な包装をしている ④品温を－18℃以下で保管している	種類：水産・農産冷凍食品，調理冷凍食品，冷凍食肉製品 規格基準：冷凍食品全般，調理冷凍食品，無加熱摂取冷凍食品，加熱後摂取冷凍食品 （凍結前加熱済，凍結前未加熱）
レトルト食品	レトルト（高圧釜）により120℃・4分以上の高温・高圧で殺菌されたパウチ（袋状のもの），または成形容器（トレー状など）に詰められた食品	種類：調理済食品（カレー，シチューなど）食肉加工品（ハンバーグ，ミートボール他），水産加工品（ザバ味噌煮他），米飯加工品（雑炊他），その他（ベビーフード他） 規格基準：JAS法，食品衛生法，食品表示法で，品質・衛生・表示の基準がある．
惣菜類	市販の弁当や惣菜など，家庭外で調理・加工された食品を家庭や職場・学校・屋外などに持ち帰ってすぐに（調理加熱することなく）食べられる日持ちのしない調理済食品．事業所向け給食，および，調理冷凍食品やレトルト食品など比較的保存性の高い食品は含まれない．	種類：米飯類（おにぎり他），調理麺（調理済み焼きそば他），調理パン（サンドイッチ他），一般惣菜（和・洋・中華の惣菜，煮物，焼物，炒め物，揚物，蒸し物，和え物，酢の物，サラダ他），袋物惣菜（ポテトサラダ等のサラダ，肉じゃが，さばの味噌煮他） 規格基準：食品衛生法（弁当・惣菜の衛生規範）

レトルト食品は，即食・簡便・内食志向でカレー類，マーボ豆腐の素，酢豚の素などの中華調味料の素が好調で，業界全体では微増の傾向にあり，2018年度は3,400億円程度の売上金額である．

惣菜類は，日本惣菜協会は，2016年度9兆8,399億円の市場規模が2018年度では，10兆2,518億円に増大したと報告している．コンビニ，食品スーパー，総合スーパーや百貨店，各業種別専門店で販売されている．

2）処方例

1．メンチカツ（冷食惣菜）[7]（%）	
鶏ひき肉	32
豚ひき肉	13.7
ソテーオニオン	15
粒状大豆たん白	7.5
生パン粉	4
ボンテーストポーク	1
さかしお 10 号（塩みりん）	1
上白糖	1
食塩	0.77
ホワイトペッパー	0.1
NP-S（魚醤粉末）	0.3
MSG	0.3
カラメル色素	0.1
こく味調味料 HS-100	0.4
水（粒状大豆たん白水戻し用）	18.5
水	4.33
合計	100

作り方：① 粒状大豆たん白を水戻し（**こく味調味料**はこの時添加）② 他の材料と合わせる③ 60g ずつ成型する ④ バッターパン粉をつける
⑤ 165℃の油で 8 分揚げる ⑥ 冷却・包装して冷凍（－18℃以下）

特徴：**こく味調味料**を加えることにより，パンチのある味に仕上る．植物たん白質の独特の風味がマスキングされる．（加工食品用）

2．肉じゃがコロッケ（冷食惣菜）[7]（g）	
サラダ油	4
玉ねぎ（1mm スライス）	60
牛肉薄切り（一口大カット）	100
＜A＞ **割烹仕立　吟上だし**	15
＜A＞ 濃口しょうゆ	5
じゃが芋（3cm 角カット）	300
薄力粉	適量
卵	適量
パン粉	適量
揚げ油	適量

作り方：① それぞれの具材をカットし，じゃが芋は水にさらす ② フライパンにサラダ油を熱し玉ねぎを炒める
③ 玉ねぎがしんなりしたら牛肉を加えさらに炒める ④ 牛肉の色が変わったら，混ぜ合わせた＜A＞を加え．火からおろして冷ましておく
⑤ じゃが芋を茹でる．茹で汁を捨て，粉ふき芋にして水分を飛ばす
⑥ じゃが芋をボールにいれつぶす，冷ました炒め物を混ぜ合わせる ⑦粗熱がとれたら 4 等分し，形を整え，薄力粉，溶き卵，パン粉の順にまぶし，180℃の揚げ油で揚げる ⑧ 冷却・包装後冷凍する（－18℃以下）．

特徴：**吟上だし**の効果で味の良いボリューム感あるコロッケ，玉ねぎの甘味が生きて上品な味．（加工食品向け）

3.　ホワイトシチュー（惣菜）[7]（g）	
無塩バター	20
鶏もも肉（一口大カット）	300
玉ねぎ（1cm 幅くし切り）	250
にんじん（乱切り）	150
トリニティワイン ボンクック白	50
ローリエ	1枚
薄力粉	20
ぽってり白湯（8倍希釈）	1000
じゃがいも（一口大カット）	250
食塩	6
白こしょう	0
牛乳	300
生クリーム	50

作り方：
① 各具材をカットする
② 鍋にバターを熱し，鶏もも肉･玉ねぎ･にんじんを入れ，中火で炒める．鶏肉の色が変わったら，**トリニティワイン**，ローリエを加えて，煮詰めアルコールを飛ばす．
③ 弱火にして薄力粉を加え，粉っぽさがなくなるまでよく炒め合わせる．
④ ぽってり白湯・じゃがいもを加えて，具材がやわらかくなるまで弱火で煮込む．アクが出たら丁寧に取り除く．
⑤ 塩・こしょうで味を調え，牛乳を加えて7〜8分程度煮込む．
⑥ 仕上げに生クリームを加え，1〜2分程度煮込む．

特徴：濃厚でコクのある鶏白湯スープがクリーミーさを一層引立てる．ワインにより爽やかさも加わり，ワンランクアップする．
(中食・外食向け，6人分)

4.　デミグラスソース（惣菜）[7]（g）	
スパゲティ1.7mm（茹でたもの）	200
有塩バター5，牛乳30	35
玉ねぎ（粗みじん切り）	14
サラダ油	4
マッシュルーム（水煮）	30
グリンピース，粉チーズ，パセリ	適量
合挽肉（牛1：豚1）	30
トリニティワイン　ベークドワイン	3
＜A＞	
市販デミグラスソース	60
トマトケチャップ	20
こく路H	4
濃口しょうゆ12，砂糖8	20
ハイクッククックドビーフM	2
ローリエ	適量
水	40
トリニティワイン　ベークドワイン	3

作り方：① 合挽き肉に**トリニティワイン　ベークドワイン**（半量）を加え，冷蔵庫で数分漬け込む．
②フライパンにバターを入れ，茹でておいたスパゲッティを軽く炒め，皿に盛る．
③①に牛乳，残りの**トリニティワイン　ベークドワイン**を入れ，煮詰める．
④ フライパンにサラダ油を入れ，玉ねぎがしんなりするまで炒め，③も加えて炒め合わせる．
⑤ ④に＜A＞，マッシュルームを加え，炒め煮する．
⑥ とろみがついてきたら，グリンピースを加え，②の上に盛り付ける．

特徴：**トリニティワイン**で，風味豊かなソースに仕上がる．オムライスやハンバーグにも合う．
(中食・外食用　1人分)

5.　レトルトシュウマイ[7] (kg)		**6.　レトルトカレー**[39] (kg)	
豚脂（背油）	27	焙炒小麦粉	3
豚肉	66	精製ラード	3
スケソウすり身	84	チャツネ	2
玉ねぎ	60	トマトピューレ	1.5
ごま油	5.40	リンゴピューレ	1
ポテトスターチ	42	生ガーリックペースト	0.2
食塩	2.34	生ジンジャーペースト	0.2
みりん	2.76	加工でん粉	2.5
淡口しょうゆ	1.97	カレー粉	1.5
コショウ	0.15	食塩	1
にんにく	0.3	砂糖	1
たん白加水分解物（HVP）	1.95	MSG	0.5
リボタイド（核酸系調味料）	1.05	カラメル	0.2
合計	294.92	**サンライクチキンコンソメ**	1
		サンライクソテードオニオン	1.5
		サンライク香味野菜 CE	0.3
		サンライク PREMIUM ポークエキス	0.5
		水	79.1
		合計	100
製法： 原料（水洗・切断・ミンチ）→混合→成型→トレー盛り付け→パウチ入れ→レトルト殺菌（120℃，4分）→冷却→包装→出荷（品質確認後） **特徴**：一般的なシュウマイの処方（加工食品向け）		**製法**：① 水に各原料を加えて，80℃で加熱撹拌します． ② アルミパウチに充填後121℃，20分間レトルト殺菌します． **特徴**：**サンライク PREMIUM ポークエキスは**，豚骨白湯の風味を有し，少量添加で豚骨白湯の持つ濃厚感，まろやかさ，持続性を付与します．（加工食品・レトルト用）	

5.5.12　珍味・ふりかけ・お茶漬け類への利用

比較的風味や形状，製造法などが類似している珍味とふりかけ・お茶漬けの調味処方を本項でまとめて記述する．

珍味は，「珍味とは主として水産物を原料とし，特殊加工により独特の風味を活かし，貯蔵性を与え，再加工を要することなく食用に供される食品（陸産物に類似の加工を施したものを含む）で，一般の嗜好に適合する文化生活の必需食品である．」と全国珍味商工業組合連合会で定義されている（全珍連 HP）．このような珍味の分類と種類を**表 5.11** に示した．

このように，水産加工品の中でもかまぼこやつくだ煮などは決まった製造工程があるが，珍味には一定の製造法や確定した原料もないが，出来上がったものは風味豊かなものといえる．

表 5.11　珍味の分類（製法別）[40)]

分　類	製法と種類
燻製品類	さけ，たら，いか，にしん，たこ，まぐろなどの原料に調味し，いぶし，乾燥させたもの
塩辛類	うに，いか，えび，魚卵，内臓などの原料を調味，混合し熟成させたもの
あえもの類	うにあえ類，酢漬類などがあり，調味し混合・熟成したもの
漬物類	魚類のかす漬，ぬか漬，みそ漬，調味し漬け込み熟成させたもの
焙焼品類	儀助煮，姿焼（いか類），焼松茸いかなどがあり，調味し焼いたもの
煮揚物類	小魚（あゆ，わかさぎ，白魚の照焼），海老満月（油で揚げた物）などがあり，調味し焼（揚げ）たもの
裂刻品類	するめさきいか，生さきいか，吹雪鱈，春雨いかなどがあり，基本的に調味・焼く・裂くといった製法でできるもの
圧伸品類	小魚の鉄板焼，のしいか，えび鉄板焼，のしふぐなどがあり，調味し焼き，圧伸したもの
その他	木の実，くわいせんべい，チーズせんべいなどがあり，原料を焙煎したもの

一方のお茶漬け・ふりかけは米飯を美味しく食べるための米飯調味料といえるもので，日本では古くから開発されていた．広辞苑によれば，茶漬けとは「飯に熱い茶をかけたもの，茶漬飯」とある．ここでいう「茶」とは通例日本茶をさすが，古くから日本に存在する茶を使わない茶漬けには，米飯にだしをかけたものが挙げられる．江戸時代の中期頃からは，茶漬けに具を乗せるのが広まった．例えば，梅干や漬物，鮭や海苔・佃煮・塩辛・わさび・たらこ（辛子明太子）・イクラ，さらには，まぐろなどの刺身など，様々な食べ物を具として乗せるケースが見られる．

表 5.12 にふりかけ・お茶漬けの種類をまとめた．ふりかけはごはんやおむすびにかけて食べる米飯調味料であり，お茶漬けはお茶をかけて，ご飯を美味しく食べる米飯用調味料といえる．

これらは，各種のりや鮭などに調味した後，乾燥して用いるものと，天然系のエキスやたん白加水分解物，たらこの乾燥粉末などを混合して顆粒化した風味顆粒とを合わせて用いるものがある．

表 5.12 ふりかけ・お茶漬けの種類

ふりかけ	かつおふりかけ，紅鮭ふりかけ，わさびふりかけ，焼きたらこふりかけ，うに風味ふりかけ，辛子明太子ふりかけ　他
お茶漬け	海苔茶漬け，さけ茶漬け，梅干し茶漬け，たらこ茶漬け，わさび茶漬け，だし茶漬け，ラーメン茶漬け，鯛だし茶漬け　他

1） 業界の動向[3)]

珍味の生産金額に関する情報は見当たらないが，水産物の燻製品（節製品除外）が 2018 年で 54 億円，塩辛・つくだ煮などが 2,280 億円程度である．これらは日本人の古くからの伝統的なおいしい食品として，酒のつまみやお茶うけとして賞味されている．

一方のふりかけ・お茶漬けは 682 億円程度の売上となっている．

前年比0.3%増であるが，米の消費量が年々減少傾向の中で伸び悩んでいる．新製品としては，混ぜ込みタイプの「混ぜ込みワカメ」や「炊き込みワカメ」などが順調に市場導入されている．

2) 処方例

1. 酒盗（甘口）用調味料[41]		2. ソフトさきいか調味料[42]	
塩漬け原料10kgに対する使用量	g	煮熟原料1000gに対する使用量	g
砂糖	300	砂糖	120
みりん	1 L	グリチミン（甘味料）	3
清酒	0.5 L	食塩	35
水飴	500	MSG	40
蜂蜜	250	コハク酸ナトリウム	2
MSG	100	ソルビット（粉末）	3
オニオンエキス	25	グリシン	3
ガーリックエキス	25	重合リン酸塩	2
カラシ粉	10	クエン酸ナトリウム	2
作り方：かつお内臓→胆のうと脾臓除去→水洗→切断→塩漬け→塩蔵品10 kgに対し20%アルコール5 Lで洗浄→2%酢酸液洗浄→水切り→上記調味料を加えて混合→熟成（約1週間）→製品（酒盗） **特徴**：減塩で甘味とうま味の強い酒盗．（加工食品用）		**作り方**：原料いか→脱皮・成型→洗浄→煮熟→調味（上記）→混合→熟成→焙焼→ロール（延し）→切断→**2次調味**（ふりかけ）→熟成→乾燥→袋詰め→製品（ソフトさきいか） **2次調味料**：砂糖30，甘味料1，食塩20，MSG3，コハク酸ナトリウム1 gの混合物（1 kg当たり） **特徴**：ソフトで色も良くうま味の強いさきいか（加工食品用）	

3. 結びこんぶ用まぶし調味料[43]（%）					
MSG（微粉）	7	でん粉	40.19	レッドペッパー	0.05
グリシン	6	砂糖	20	ホワイトペッパー	0.01
食塩	5	**配合調味料（HVP）**	0.05	核酸系調味料	1.50
乳糖	20	グリチミン（甘味料）	0.2	合計	100

作り方：干こんぶ→水洗→裁断→調味（加熱）→熟成→乾燥→結び→選別→乾燥→まぶし調味料→包装→製品
特徴：こんぶ風味，うま味の強い結びこんぶ

4. ふりかけ[44] (kg)		5. なめこ茶漬け[45]	
＜魚粉末＞		えのきたけ	10 kg
魚粉	4.65	濃口しょうゆ	1 L
のり	0.8	水飴	1.5 kg
えび	0.65	砂糖	400 g
ごま	2.45	MSG	130 g
調味料顆粒	1.45	**たん白加水分解物（HAP）**	70 g
		クエン酸 10 g，コハク酸 5 g	15 g
＜調味料顆粒＞		乳酸	10 g
食塩	0.97	増粘剤（グアガム）	14 g
HAP	0.45	寒天	30 g
配合調味料（HVP）	0.03	食塩水（10%）	5 L
製法：調味料顆粒は，原料混合後押出造粒法によって作る．粉末原料と混合して包装する． **特徴**：えび，のり，ごま風味が調味料の塩味，うま味と良くマッチしたふりかけができる．（加工食品用）		**製法**：えのきたけ→洗浄→ほぐし→粉体原料混合→水飴添加混合→液体原料添加（しょうゆ，乳酸，食塩水）→混合・熟成→小分け包装→加熱殺菌→冷却→包装 **特徴**：ウエットタイプお茶漬け，たん白加水分解物の使用で，うま味，コク味が増強される．	

5.5.13 植物性たん白利用食品への利用

食品加工原料として用いられるたん白素材としては，卵白，ゼラチン，ホエーたん白などの動物性たん白と植物性たん白とがある．植物性たん白とは，食品業界では，大豆や小麦などを原料として，それに含まれる「たん白質」を独自の製法により抽出し，主として，食品の素材として使われるものをいう．現在製品として大豆系は粉末，粒状，繊維状，小麦系は粉末，粒状．ペースト状（冷凍品）がある．このような植物性たん白の形状と機能および使用例を**表 5.13** に示す．

食品加工原料として用いられる大豆たん白は，その精製度合いによって**表 5.14** のように分類される．

植物性たん白は優れたたん白源であり，種々の動物たん白質と組み合わせることにより，理想的なアミノ酸バランスになる．その他，健康的に有益なことが科学的に立証され，特に大豆たん白質の健康機能に着目した商品が開発されている．例えば，特定保健用食

表5.13 植物性たん白の形状と機能および使用例[46)]

	粉末状	ペースト状	粒状	組織状	使用例
栄養強化	○	—	—	—	プロテインパウダー類 菓子類，育児粉乳
脂肪分離防止	○	○	—	○	ソーセージ
結着・利水防止	○	—	—	—	ハム
保型性向上	○	○	—	—	かまぼこ，ちくわ，プレスハム
食感改良	○	○	—	—	パン，麺，焼きふ，ころも
かみごたえ	—	—	○	—	ハンバーグ，ミートボール，餃子，シュウマイ
焼き縮み防止	—	—	○	—	ハンバーグ，メンチカツ

表5.14 大豆たん白質の分類と特徴

分類		製造法・分析例	用途
粉末状大豆たん白	濃縮大豆たん白	脱脂大豆の糖類，有機酸類，着色物質などを除いてたん白質濃度を上げたもの． たん白質64%，脂質0.3%，炭水化物25.2%	食肉加工，水産練り製品，冷凍食品 惣菜，健康食品，製菓・製パン 等
	分離大豆たん白	脱脂大豆からたん白を分離して得られる．一般に85%以上のたん白を含有する． たん白質86.0%，脂質0.2%，炭水化物4.3%	
粒状大豆たん白		脱脂大豆から，抽出，組織化，粒状化して作る．肉に近い食感を有する． たん白質55.1%，脂質0.6%，炭水化物32.0%	食肉加工品，冷凍食品，総菜 その他
繊維状大豆たん白		エクストルーダーで加圧・加熱・膨化処理により，多孔質の肉様組織をもたせたもの．	

品では，大豆たん白質で「コレステロールの高めの人」や「血中コレステロールの低減」をうたったソーセージ，ハンバーグなどが開発されている．また米国FDAが，大豆たん白質の「心臓病予防効果」のヘルスクレームの表示を認めている．

日本においても，大豆たん白を使用したゼロミートハンバーグやチーズなどが開発され，市場の注目を集めている．

また，植物たん白摂取に関しては，食文化，食習慣，栄養・健康，倫理，生命の尊厳などとの関係でベジタリアンや精進料理，ハラールの食事などと関係が深い．

日本ベジタリアン協会によると，ベジタリアン（Vegetarian）という言葉は英国ベジタリアン協会発足の1847年に初めて使われ，「健全な，新鮮な，元気のある」という意味のラテン語 'vegetus' に由来するとされている．現在，ベジタリアンの定義は流動的であり，英国では畜肉を食べない人を広義なベジタリアンとする傾向がある．宗教的教義，栄養や健康の保持，生命の尊厳を旨とするアニマルライツ（動物には人間から搾取されたり残虐な扱いを受けることなく，それぞれの動物の本性に従って生きる権利があるとする考え方）のほかに，環境問題や食料問題，地球環境保全や途上国援助のために菜食のライフスタイルを選択する新たな地球市民型ベジタリアンが増えつつある．

ベジタリアンは，次のように分類されている．

1）　ビーガン（Vegan），ピュア・ベジタリアン（Pure-Vegetarian：純粋菜食）：動物の肉と卵・乳製品を食べない．

2）　ラクト・ベジタリアン（Lacto-Vegetarian：乳菜食）：植物性食品に加えて乳・乳製品などを食べる．

3）　ラクト・オボ・ベジタリアン（Lacto-Ovo-Vegetarian：乳卵菜食）：植物性食品と乳・卵を食べる．牛乳や チーズなどの乳製品のほかに卵も食べるタイプで，欧米のベジタリアンの大半がこのタイプである．

4) その他：学術的には植物性食品・乳・卵と，魚を食べる（ペスコ・ベジタリアン）や鶏肉を食べる（ポーヨー・ベジタリアン）などがあるが，IVU（International Vegetarian Union）は4）のタイプをベジタリアンと認めていない．

その他宗教と食事においても，仏教の精進料理やイスラム教のハラールなどでは，植物性たん白の利用が進んでいる．

1） 大豆たん白業界の動向

日本植物蛋白食品協会によると，2018年の植物系たん白の国内生産量は，45,328トン（うち大豆系が38,682トン，小麦系が6,646トン）と報告されている．一方，輸入量は，50,662トン（大豆系27,157トン，小麦系23,505トン）で，生産，輸入ともほぼ横ばい傾向である．一方，米国では2018年の植物性たん白質の売上げが1年間で23％拡大したと報告されている．そして，国際的な大手企業が植物性たん白市場への展開を本格化している．今アメリカの食品業界ではPlant-Based foods（植物由来食品），Alternative foods（代替食品市場）が大きな注目を浴びており，ブームとなっている．植物由来食品とは，オート麦，米，アーモンド，大豆などを使ったチーズ，ヨーグルト，アイスクリームなどの代替乳製品や，大豆，えんどう豆，そら豆などを使った代替肉製品のことである．

2）大豆たん白等利用食品の処方例

大豆たん白を使用した食品処方4例を紹介する．

1. ハンバーグ（大豆たん白使用）[7]（%）		**2. 鶏つくね（大豆たん白使用）**[7]（%）	
＜A＞		＜A＞	
粒状大豆たん白	10	粒状大豆たん白	10
戻し水	29	戻し水	29
トリニティワイン　ベークドワイン	0.50	**錦味　純米（発酵調味料）**	0.5
こく味調味料 NKM	0.50	**こく味調味料 BS-100**	0.5
＜B＞		＜B＞	
合挽き肉（牛：豚　1：1）	42	鶏挽き肉	42
玉ねぎ	10	玉ねぎ	10
パン粉	5	パン粉	5
卵白パウダー	0.3	卵白パウダー	0.3
上白糖	1	上白糖	1
ブラックペッパー	0.02	ブラックペッパー	0.02
加工でん粉	1	加工でん粉	1
食塩	0.68	食塩	0.68
製法：①＜A＞の大豆たん白以外の原料を混合後，大豆たん白を投入，30分水戻しする． ②＜B＞の原料を投入し，捏ねる． ③15gに成型し焼成する（加湿25%，220℃，4分）．④急速凍結する． **特徴**：大豆たん白の独特の風味を少なくし，牛肉感のある味に仕上がる． （加工食品用）		**製法**：①＜A＞の大豆たん白以外の原料を混合後，大豆たん白を投入し，30分程度水戻しする． ②＜B＞の原料を投入し，捏ねる． ③10gに成型しフライする（150℃，2分30秒）④急速冷凍する． **特徴**：大豆たん白質独特の匂いや味を少なくし，鶏肉らしい味わいに仕上がる． （加工食品向け）	

3. ミートレス皿うどん（1 人分）[7]（g）		4. ミートレス餃子（10 人分）[7]（g）	
白菜	40	＜A＞	
もやし	30	高野豆腐	10
にんじん	20	水煮大豆	30
きくらげ	5	ごま油	4
絹さや	5	薄力粉	4
コーン	5	**ベジラーメンスープとんこつ風**	15
厚揚げ	25		
ごま油	8	キャベツ	30
＜A＞		玉ねぎ	20
ベジラーメンとんこつ風	20	ニラ	5
水	140	たけのこ	20
水溶き片栗粉	15	餃子の皮	10 枚
かた焼きそば	50		
作り方：① きくらげを水に戻しカットする．その他の野菜，厚揚げもカットする． ② ①をごま油で炒める． ③ ＜A＞を加え，ひと煮立ちさせる． ④ 火を止めてから，水溶き片栗粉を入れ，良くまぜる． ⑤ お皿に盛ったかた焼きそばに， ④をかけて完成． **特徴**：中食・外食向け，動物性原材料不使用の皿うどん．味付けは**ベジラーメン とんこつ風**のみで簡単に仕上がる．ビーガンの方も一緒にお楽しみいただけるメニュー．		**作り方**：① 高野豆腐を水で戻し，細かめに砕いておく． ② キャベツ・玉ねぎ・にら・たけのこをミキサーに入れ，みじん切りにする． ③ ＜A＞の材料をミキサーに加え，全体が混ざるようにミキシングする． ④ ③を餃子の皮で包み，焼き上げる． **特徴**：中食・外食向けで動物性原材料不使用の満足度の高いミートレス餃子 **ベジラーメンスープとんこつ風**：肉・魚介・乳成分・卵・はちみつとそれらに由来する動物性原材料を使用せず，野菜エキスや植物油などの植物性原材料で作った豚骨風味のラーメンスープ．	

3） 大豆たん白の調理への利用

大豆たん白のうち，粉末状は大量生産型の食肉加工品や水産練り製品の品質改良に使用される．一方，粒状や組織状の大豆たん白は挽肉様の食感を持ち，吸水性・保水性が良いため，調理時のクッキングロスを低減し，呈味成分やドリップを保持する機能がある．エキス調味料の利用によって風味の付与，増強，改良を行うことができる．大豆たん白の調理利用の概要を**表 5.15** に示す．

表 5.15 大豆たん白の調理への利用[47)]

調理食品名	粒状大豆たん白使用の効果
鶏のから揚げと香味焼き	粒状たん白が，フライや焼成したときに生成する調味料液などのドリップを低減して味と食感が改良される．
挽き肉料理ハンバーグ	挽き肉を使うハンバーグなどの調理時に，粒状大豆たん白の使用により，ドリップ低減，味の保持，物性が改良される．
衣への利用	粒度の細かい粒状大豆たん白で，衣のクリスピー感が向上する．
各種炒め料理	粒状大豆たん白の吸水性を向上して，ドリップが少ない料理になる．
炊き込みご飯	調味液を含んだ粒状大豆たん白の使用による食感と風味の改良．
トッピング	オイル調味料を含む粒状大豆たん白の使用で，サラダ用トッピング．
具のソース	コチュジャンなどの調味料を含む粒状たん白で具材ソースができる．

5.5.14 健康食品への利用

健康食品とは，法律上の定義はなく，広く健康の保持と増進に資する食品として販売・利用されている食品である．その中で国が定めた安全性や有効性に関する基準を満たした「保健機能食品制度」がある．その概念図を**図 5.2** に示す．

農水畜産物や酵母のエキス，その分解物には，各種の健康への機能を示す成分が含まれていることと，これらの食品の製造において，味や香りの付与・改良を目的として使用する 2 つの面での利用がある．

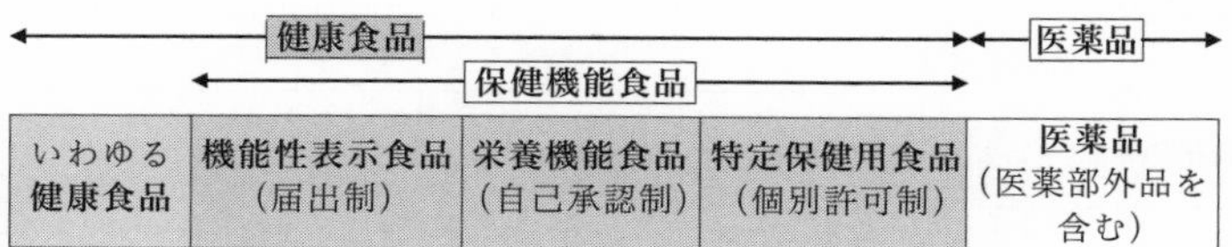

図 5.2 健康食品・保健機能食品・医薬品の概念

1) 業界の動向[48)]

健康食品関連業界の市場は，法整備が進んだことと，国民の健康意識の高まりを背景にして，食品のなかでも市場拡大が期待される業種である．2017年の健康食品全体で約1.2兆円で，その内訳は，特定保健用食品が3,899億円，機能性表示食品1,658億円，その他の健康食品6,400億円強である．この分野は，食品業界の中でも年率数%の伸長が見込まれ成長分野といえる．

これらの健康関連食品の訴求する機能は，健康の維持増進，基礎栄養，美容・老化防止，高血圧予防・改善，関節対策，痩身，免疫機能，肝機能，整腸，滋養強壮，アイケアなどである．

2) 天然系調味料の成分と健康機能

エキス調味料は，各種の健康に有益な作用を示す成分を含んでいる．各エキスに含まれ，健康に効果があるといわれている成分を**表5.16**にまとめた．

この中でも，畜産や水産エキスに含まれるアンセリン，カルノシン[50)]，水産エキスの機能性ペプチド[51)]，野菜エキス[52)]やかつお節

表5.16 エキスに含まれる健康関連物質[49)]

エキス	主な健康関連物質（健康に効果があると言われている）
畜産物エキス	各種アミノ酸（グリシン，イソロイシン，バリン，タウリン，ヒスチジン　他），ゼラチン（ペプチド含む），アラキドン酸，カルニチン，クレアチン・クレアチニン，アンセリン・カルノシン　など
水産物エキス	各種アミノ酸，オリゴペプチド，ゼラチン，クレアチン・クレアチニン，アンセリン・カルノシン，油脂関連物質（DHA，EPA），ミネラル，フコイダン，ベタイン　など
農産物エキス	βカロテン，ケルセチン，グルタチオン，ターメリック，クルクミン，葉酸，にんにくエキス，玉ねぎエキス，たん白　など
酵母エキス	各種アミノ酸，各種ビタミン，グルタチオン，各種ミネラル，核酸関連物質　など

だしの健康機能[53]が有名である.

3) 健康食品の処方例

1. 食物繊維含有食品とその製造法[54](%)	
＜Ａ＞固体原料	
加工でん粉	40
オーツ麦ファイバー	23
小麦ふすま	23
難消化性デキストリン	5
アルギン酸ナトリウム	9
＜Ｂ＞ 水	85

製造法：固体原料100に水85を添加→混練→押出造粒→5Cm切断→2%乳酸Ca液に浸漬→乾燥→製品

機能：食物繊維，でん粉，アルギン酸ナトリウムを含む食物繊維含有食品，カロリー削減と他の健康機能を期待.

2. 睡眠改善作用を示す焼き菓子[55] (g)	
小麦粉（強力粉）	80
小麦粉（薄力粉）	50
食塩	5
グラニュー糖	40
ヘポカボチャ脱脂種子粉末	70
ごま（黒1：白1）	30
水	60

製造法：全材料を混合して生地を作る→分割→延ばし→140℃以下で焼成→睡眠改善効果を有する煎餅

機能：ヘポカボチャ種子が睡眠改善作用を有することを見出し，これを利用した食品.

3. 抗ノロウイルス組成物およびその利用[56] (%)	
テアフラビン精製品（90%）	0.1
ガムベース	20
粉糖	60
結晶ブドウ糖	18.9
ガム香料	1
全量	100

製造法：紅茶由来カテキン製剤と茶用粉末の水溶液を30℃，3時間反応させた後，凍結乾燥する．これに上記成分を混合する.

機能：口腔内スプレーなどで抗ノロウイルス剤として効果が期待できる.

4. 関節機能改善組成物[57] (mg)	
グルコサミン塩酸塩	2,000
プロテオグリカン5，化石サンゴCa 150	155
ステアリン酸カルシウム	50
β-カロテン	10
ビタミン※	17.5
長命草末	300
プロリン30，結晶セルロース50	80
ショ糖脂肪酸エステル	30
麦芽糖	358

※ビタミンB1 5 mg，B2 5 mg，B12 5 mg，D3 2.5 mg

製造法：全原料を均一に混合し，打錠機にてタブレットを作成．6粒（3,000 mg）

機能：グルコサミン，長命草などからなる関節機能改善組成物

文　献

1) 酒類食品統計月報, “酒類・食品の業種別生産額と伸長率”, (1), 12, 23 (1999)
2) 酒類食品統計月報, “酒類・食品の業種別生産額と伸長率”, (1), 23, 25 (2009)
3) 酒類食品統計月報, “酒類・食品の業種別・品目別生産高”, (1), 22, 25 (2019)
4) 太田静行, 鄭大聲, 山本敞, 佐野彰, “スープ類 - その製造と利用 - ”, p1, 光琳 (1992)
5) 同上 p205
6) 同上 p208
7) 三菱商事ライフサイエンス, メールマガジン, 「味な話」, レシピ（メルマガ会員限定コンテンツ）
8) 太田静行, 鄭大聲, 山本敞, 佐野彰, “スープ類 - その製造と利用 - ”, p197, 光琳 (1992)
9) 同上 p177
10) アサヒグループ食品（株), 凍結乾燥味噌スープの製造法, 特許 6454516
11) 酒類食品統計月報, “麺つゆ類, 市場縮小もストレートは伸長”, (3), 83 (2019)
12) 酒類食品統計月報, “肉消費拡大で焼き肉のたれ市場好調”, (5.6), 81 (2019)
13) 酒類食品統計月報, “カレー市場, ルウ減・レトルト増の流れ続く”, (9), 79 (2019)
14) 太田静行編著, “ソース造りの基礎とレシピー”, p171, 幸書房 (1995)
15) 太田静行編著, “ソース造りの基礎とレシピー”, p168, 幸書房 (1995)
16) 左古紘一：“「ハイパーミーストシリーズ」の展開と応用”, 月刊フードケミカル, (2), 73 (2019)
17) 酒類食品統計月報, “マヨドレ類, 4年ぶり生産量減少見込み”, (4), 41 (2019)
18) 太田静行編著, “ソース造りの基礎とレシピー”, p176, 幸書房 (1995)
19) 鈴木睦明, “進化する酵母エキス「ハイパーミーストシリーズ」の機能と応用”, ジャパンフードサイエンス, (9), 15 (2014)
20) 越智宏倫, “天然調味料”, p170, 光琳 (1993)
21) 酒類食品統計月報, “多様なソースニーズ対応で需要掘り起こし”, (2), 60 (2019)
22) 太田静行編著, “ソース造りの基礎とレシピー”, p151, 幸書房 (1995)
23) 太田静行編著, “ソース造りの基礎とレシピー”, p145, 幸書房 (1995)
24) 岡田邦夫著, “高度・高品質　食肉加工技術”, p12, 幸書房 (2010)
25) 岡田邦夫著, “高度・高品質　食肉加工技術”, p23, 幸書房 (2010)
26) 酒類食品統計月報, “酒類・食品の業種別・品目別生産高”, (1), 27 (2019)
27) 太田静行著, “食品調味・配合例集◇食品レシピーの全て◇”, 9-6, 工学図書 (1979)
28) 太田静行著, “食品調味・配合例集◇食品レシピーの全て◇”, 9-15, 工学図書 (1979)
29) 太田静行著, “食品調味・配合例集◇食品レシピーの全て◇”, 9-20, 工学図書 (1979)
30) 小川敏男著：“漬物製造学”, p18, 光琳 (1989)
31) 全日本漬物協同組合連合会, 第4回食品の営業規制に関する検討会資料, 2018.10.1

32) 太田静行著，“食品調味・配合例集◇食品レシピーの全て◇”，6-34, 工学図書 (1979)

33) 同上 p6-38

34) 同上 p6-46

35) 越智宏倫，“天然調味料”，p.191, 光琳 (1993)

36) 太田静行著，“食品調味・配合例集◇食品レシピーの全て◇”，11-11, 工学図書 (1979)

37) 越智宏倫，“天然調味料”，p.193, 光琳 (1993)

38) （一般社団法人）日本冷凍食品協会 HP （公益社団法人）日本缶詰びん詰レトルト食品協会 HP

39) FFI Reports, “油脂の乳化に着目したポークエキスの開発”，FFI Journal, **214**(2), 190 (2009)

40) 全国珍味連合会 HP，珍味知識館，https://www.chinmi.org/knowledge/index.html

41) 太田静行，高坂和久，山本忠，山本敏著，“珍味”，p44, 恒星社厚生閣 (1990)

42) 太田静行，高坂和久，山本忠，山本敏著，“珍味”，p82, 恒星社厚生閣 (1990)

43) 太田静行，高坂和久，山本忠，山本敏著，“珍味”，p122, 恒星社厚生閣 (1990)

44) 太田静行著，“食品調味・配合例集◇食品レシピーの全て◇”，12-15, 工学図書 (1979)

45) 同上 p12-16

46) 日本植物蛋白食品協会 HP

47) 芦田茂，“大豆たん白を調理に取り入れる”，日本調理学会誌，**45**(3), 235 (2012)

48) 三井住友銀行調査報告，“健康食品業界の動向～「健康」をキーワードに成長する市場の戦略方向性”，(2018.10)

49) “「健康食品」の安全性・有効性情報”（国立健康・栄養研究所 HP・素材情報データベース）https://hfnet.nibiohn.go.jp/contents/indiv.html

50) 鍋谷浩志ら，“廃鶏屠殺体からの抗酸化ジペプチドの抽出・精製技術とその利用法の開発”，食品と容器，**50**(3), 180 (2009)

51) 筬島克裕，“ペプチド系天然調味料と機能性ペプチド”，醤油の研究と技術，**40**(5)，267 (2014)

52) 池上幸江ら，“野菜と野菜成分の疾病予防及び生理機能への関与”，栄養学雑誌，**61**(5), 275 (2003)

53) 近藤高史，“和食を支えるだしの魅力—おいしさと健康機能—”，日本味と匂学会誌，**21**(2), 129 (2014)

54) アピ株式会社，“食物繊維含有食品及びその製造法”，特開 2011-041487

55) アサマ化成株式会社，“睡眠改善作用を有する焼き菓子及び該焼き菓子用プレミックス”，特開 2012-223169

56) 焼津水産化学工業株式会社，“抗ノロウイルス組成物及びその利用”，再公表特許 2017-110767

57) 株式会社東洋新薬，“関節機能改善組成物”，特開 2019-14788

第6章　天然系調味料の今後

天然系調味料は，日本の加工食品や外食，中食産業で広く使用されるものであり，これらの伸長に伴って拡大してきた．近年の少子高齢化，核家族，人口減少の傾向の中，天然系調味料の今後は如何にあるべきかについて考えてみたい．

最初に，天然系調味料や日本の一般調味料，食品産業の動向を俯瞰し，天然系調味料の今後の方向や海外展開について考察を加える．

6.1　天然系調味料の生産量の推移

食品化学新聞社が調査された1990年から2015年までの天然系調味料の生産量の推移を**図6.1**に示す．

図のように2000年までは，順調に増加したが，それ以降は増加基調にはあるが，伸長が鈍化している．2015年からHVP・HAPが急増しているのは，それまで入れていなかった液体のHVPを算入したためである．

このように天然系調味料は，日本の食品工業の発展に伴って伸長したといえる．インスタントラーメン，冷凍食品，レトルト食品などの加工食品，ラーメン店，うどん・そば店などの外食のスープやだし，中食用のソース，ドレッシングなどの調味料として広く利用されている．これらの加工食品が，簡便でおいしく食べられるの

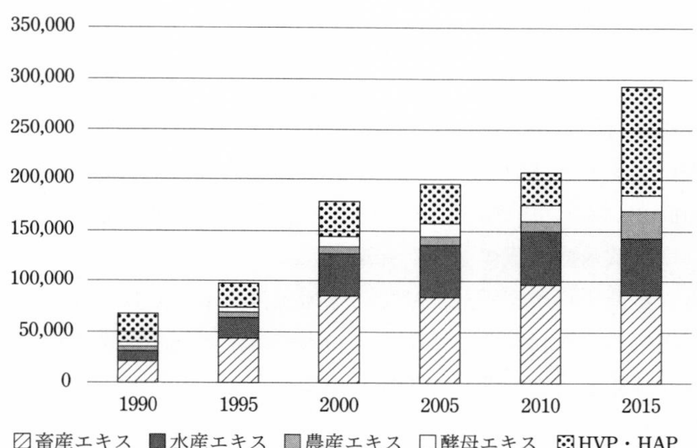

図 6.1　天然系調味料の生産量の推移（トン）

も，天然系調味料に寄与するところが大きい．

次に，2018 年度の天然系調味料の生産量と売上金額を**表 6.1** に示す[1)]．

天然系調味料は多様化し，形態としては液体，ペースト，粉体，顆粒があり，使用される加工食品や外食産業のニーズに対応している．また，加工食品などへの添加量は 0.5～10％程度であり，ほとんどの加工食品にエキスやたん白加水分解物の表示があり，広く使

表 6.1　天然系調味料の年間生産量と売上高（国内，2018 年度）

分類 / 項目	エキス系調味料				たん白加水分解物			合　計
	水産エキス	畜産エキス	農産エキス	酵母エキス	HVP	HAP	酵素分解物	
生産量（トン）	54,300	78,353	10,324	14,041	92,583	9,287	1,800	260,688
売上高（億円）	471	362	113	274	216	93	33	1,562

食品化学新聞社調べ[1)]

用されていることが明らかである.

エキス系調味料のうち，畜産，水産，農産エキスは，日本国内での生産が主体であるが，

酵母エキスは国際化しており，歴史の古いヨーロッパや新興の中国での生産量が多い．酵母エキスの世界での年間生産量は，250,000 トンであり[2] このうち日本の生産量は，5.6％程度である．これは，欧米で酵母エキスが発達したことと，酵母菌体の製造に用いられる糖原料が安価な地域で，酵母菌体を製造してエキス化するのが価格的に有利なためである．日本では，ビール醸造で生成される酵母菌体を使用するのが主体である.

6.2 ライフスタイルの変化と調味料

最近の世界的傾向として，先進国，特に日本では少子高齢化，世帯人員の減少といった社会構造の変化が起きている．このような中で，食品も簡便性でありながら手作りのようなおいしいものが指向されている．したがって，調理済冷凍食品やレトルト食品など，メニュー付きでおいしい調理食品ができる調味料の進展が著しい.

一方食品産業においては，加工食品，外食，中食産業の全てにおいて人手不足が顕在化している．よって，簡便に使用できる形状の調味料や包装形態，廃棄物がでないなどのコンセプトが要求される.

同時に，海外の人たちの日本への観光などを含めて，日本食（和食）がおいしさと健康の両面から魅力的な食品であることが世界的に注目されている．2013 年には日本食がユネスコの無形文化遺産に登録されており，日本食の味付けの基本である，いわゆる“だし”が世界中に広まる機運にある.

表 6.2　天然系調味料に要求されるコンセプト

分　類	調味料のコンセプト
家庭向けの調味料	・下味付け用調味料 ・料理別調味料（煮物，焼き物，和え物など） ・メニュー別調味料（洋風，中華，和風など，各メニューに適合した風味をもつ料理を簡便に作ることができる） ・減塩食卓塩
加工食品向け調味料	・うま味，コクを付与するベース味調味料 ・肉，魚介，野菜などの基本味と調理風味の付与 ・熟成風味の付与（発酵，長期保存による熟成） ・減塩調味料 ・健康への有効成分を含む調味料 ・食品製造で，簡便化，省人化に対応できる調味料
外食産業向け調味料	・スープ，たれ，つゆ，ドレッシング用の本格調味料 ・長期熟成風味調味料 ・厨房で使いやすい調味料（液体，ペースト，顆粒など） ・廃棄物がでないもの
海外向け調味料	・かつお節，こんぶ，しいたけだしの海外向けの開発 ・使いやすくて保存性の良い和風だし調味料 ・洋風・中華風・エスニック風味と和風のミックス調味料

また，外食産業や加工食品を対象とした調味料では，長期熟成の風味や長時間煮込んだ時の風味が発現できる機能を持つものが要求されている．このような，おいしい調理済み食品やメユー対応調味料，加工食品や外食産業向けの調味料類を作るには，天然系調味料の役割が大きい．このような天然系調味料に要求されるコンセプトを**表 6.2** に示した．

6.3　健康志向と天然系調味料

天然系調味料特に動植物のエキスには，各種の生体調節機能を有する有益な成分が含まれる．医食同源といわれるように，かつお節の煮汁や酵母エキス，肉エキスは古くから，滋養成分として活用されてきた．

エキス調味料に含まれるアミノ酸，ペプチド，タンパク，核酸関連物質，ビタミン，グアニジン化合物，ミネラル，DHA，EPAなどの油脂関連物質，カロテンなどの色素成分，グルカンなどの酵母菌体の成分，海藻のフコイダン，甲殻類のベタイン，海藻のヨウ素，野菜エキスの葉酸，にんにくや玉ねぎのエキス成分などは，食経験や動物試験によって人の健康に効果があると報告されている[3)]．

また，和食の味の中心となるかつお節だしは，抗酸化機能や健康機能が認められている．人体の酸化ストレスによる活性酸素などのフリーラジカルは，がん，冠動脈心疾患，アルツハイマー等の疾患と関係があるとされている．かつお節だしの有する活性酸素消去能は，これらの疾患の予防に有益であると考えられる[4)]．

かつお節だしは，動物試験および人体による試験により，各種の疲労（肉体疲労，精神疲労，眼精疲労）の改善効果や乾燥肌や荒れ肌の抑制効果があることが認められている[5,6)]．

食べ物の調味によって，健康に有益な成分を摂取できれば，脂肪・たん白質・炭水化物からの摂取カロリーバランスの適正化や運動などと組み合わせることにより，健康の確保と増進に有益なものと考えられる．

一方，天然系調味料の使用効果の一つである減塩効果も重要である[7)]．現在，食塩摂取の上限量は，日本高血圧学会で6.0 g/日（成人），世界保健機構で5.08 g/日（成人）を定めている．そして，現在の日本人の平均摂取量は10 g前後/日であり依然として高い．過剰の食塩摂取は高血圧を引き起こし，各種の病気に繋がっている．

この減塩がなかなかできないのは，料理がおいしくなくなるためである．天然系調味料の活用により，減塩しても料理がおいしくなれば，健康増進の観点から極めて有益である．

6.4　食料資源からみた天然系調味料

天然系調味料をその原料面からみた資源の有効利用と，食料資源をおいしくすることによる高度利用の両面から述べる．エキス調味料は**図 6.2** のように原料・用途の両面からみて環境問題，食料資源問題など世界で求められている課題に対して有益なものといえる．

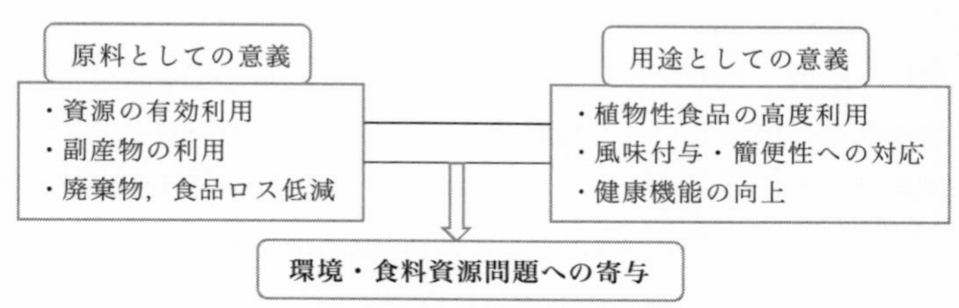

図 6.2　エキス調味料の多面的機能

このような観点から，天然系調味料の事業展開は，SDGs（持続可能な開発のための 2030 年アジェンダ，2015 年 9 月国連サミットで採択）に沿ったものといえる．

6.4.1　原料からみた資源の有効利用

天然系調味料の原料は，先に 2.1 で述べたように，食肉や水産物，農産物の加工場から副次的に生成する，肉付きのガラ類，魚介類の煮汁，細切れ品，形状不良の野菜類などが利用される．これらを煮熟抽出して分離・濃縮・熟成して製造される．これは，食料資源の有効利用そのものである．エキス抽出の副生成物は香味油脂（シーズニングオイル）として調味料となるなど，全ての資源が有効に利用される.

酸分解調味料は，脱脂大豆やエキス抽出残渣の不溶性たん白質を原料として製造される．このように未利用資源の有効利用に大きく寄与しているのが天然系調味料である.

6.4.2　調味による資源の有効利用

天然系調味料は，風味成分の少ない原料，例えば水産系のスケトウタラの冷凍すり身などへの風味付与により資源のグレードアップが可能となる．おいしい風味の付与によって，食料資源の品質を向上することになる.

大豆たん白や小麦たん白を利用した食品を，食肉のようにおいしく食べることができるようにする天然系調味料の役割は大きい.

例えば，牛肉 1 kg を生産するにはトウモロコシで 11 kg 必要であり，豚肉 7 kg，鶏肉 4 kg，鶏卵では 3 kg が必要である．このように，食肉を生産するためには，多量の穀類が必要であり，穀類や油糧種子を直接食べれば食料資源上からは非常に有益である．すなわち，これらの穀類を天然系調味料で調味することにより，嗜好性を向上して，直接おいしく食べることが可能になりつつある．いわゆるベジミートなどの名称で市場に出始めている．これらの，天然系調味料などでの調味による，植物たん白加工食品はメタボリックシンドロームの予防などにも有益といわれている.

6.5　天然系調味料の海外展開

天然系調味料の海外展開も既に進行しているが，食のグローバル化の観点から今後とも期待される分野である．まず，日本食はおいしさと健康志向のため，世界規模で注目されている．同時に，資源の豊富な海外で天然系調味料を作って販売しようとする方向である．

6.5.1 世界で注目される日本食

世界の食べ物のなかで和食がブームとなっている．これは，長い年月を経て作り上げられたものであり，美しさ・おいしさ・健康に良いなどの要素を備えているためである．

農林水産省の 2016 年の調査結果であるが，外国人が訪日前に期待することの第一位は食事であり，外国人の好きな外国料理の一位が日本料理であった．また，海外での日本食レストランの数は約 8 万 9 千店であり増加の傾向を辿っている．

一方，金額的に見れば日本の食品産業の規模は 2012 年度で 79 兆円であり，全産業の 911 兆円の約 9% を占めている．これを世界の食品市場でみると，2009 年約 340 兆円だったが，2020 年には 680 兆円に増大するとされている[8)]．

このような環境の中で，日本食の味の基本を作る「だし」は，天然系調味料の主要な地位を占めている．また，外国人の好きな料理の 3 番目にラーメンがあり，このスープには天然系調味料が欠かせない原料の一つである．

日本における調味料の歴史とその進化を概念的にまとめると**図 6.3** のようにまとめられる．

戦後から現在に至る日本の調味料の進化の流れは，うま味などの

・伝統的なだしから風味調味料へ
かつお節・こんぶ・しいたけ ⟶ 風味調味料・天然系調味料
・うま味物質の研究から天然系調味料・合わせ調味料へ
MSG・核酸系 ⟶ 複合調味料 ⟶ 天然系調味料 ⟶ 合わせ調味料

図 6.3 近年の調味料の進化

単味調味料から複合的なもの，そして風味を持つもの，天然のだしなどの風味を持ち簡便に使用できる天然系調味料，そして各種の調味素材を合わせて，簡便に料理ができる和風・中華・洋風・エスニック風の合わせ調味料へと進展している．

海外，特にアジアでは日本国内におけるの調味料の進化に類似した形で拡大していくものと予想される．

うま味調味料は基礎調味料として使用され，中国では天然系調味料としてのチキンのエキスが加工食品に使用され，合わせ調味料としてのチキンスープは家庭用・外食用として使用される．

6.5.2　海外での天然系調味料の生産

天然系調味料はその原料を，農水畜産物に求めるため原料が極めて重要である．したがって，広く世界に原料を求めて現地生産することが得策である．すでに，多数の企業が中国，東南アジア，米国，オーストラリア，更にはヨーロッパで天然系調味料を製造している．海外で作り海外で販売すると共に，粗エキスを国内で二次加工を行っている．

和食ブームとの関連もあり，かつお節をヨーロッパや東南アジアで製造する会社もあり，天然系調味料も製販共にグローバル化しつつある．

6.6　天然系調味料の持続的発展のために

天然系調味料は，今やほとんどの国内の加工食品や外食産業で使用されている．天然系調味料に課せられた課題は極めて大きいものがある．

天然系調味料が今後，持続的に発展を続けるためには，**図 6.4**

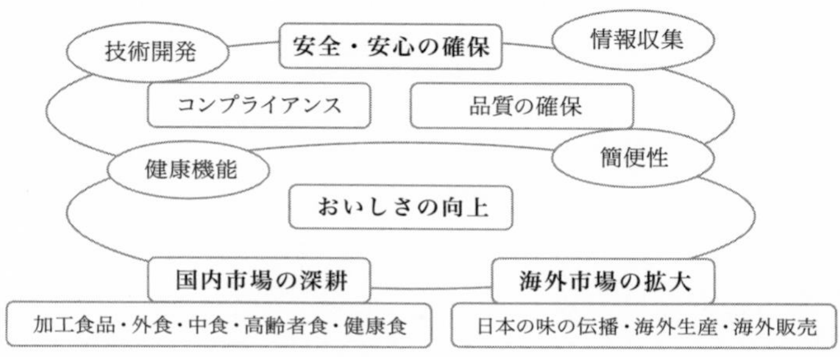

図 6.4　天然系調味料の持続的発展とその課題

に示すように，調味料製品の安全・安心の確保，並びにコンプライアンスの実行と品質の確保が重要である．

同時に，天然系調味料の抽出・分解，風味の生成と保持，簡便性と保存性の向上などの技術開発が重要である．販売については，先に述べたようにおいしさ，健康，簡便を旗印に国内外への展開が重要と考える．

文　献

1) 食品化学新聞，9 月 26 日号，p2,(2019)
2) 食品化学新聞，9 月 26 日号，p6,(2019)
3) "「健康食品」の安全性・有効性情報"（国立健康・栄養研究所 HP・素材情報データベース）https://hfnet.nibiohn.go.jp/contents/indiv.html
4) 山田潤ら，"鰹だしの抗酸化成分の同定"，醸造協会誌，**104**(11), 866 (2009)
5) 黒田素央，"鰹だしの健康機能―疲労改善効果を中心に―"，食品工業，2.15, 34 (2007)
6) 山田桂子ら，"鰹だし摂取が乾燥肌・荒れ肌に及ぼす影響"，健康・栄養食品研究，9(1), 53 (2006)
7) 石田賢吾，"食とバイオのイノベーション，エキス調味料の調味・減塩・健康機能"，p.45, エヌ・ティー・エス (2020)
8) 農林水産物・食品の輸出促進について（平成 28 年 5 月 農林水産省輸出促進課）

索　引

欧　文

和　文

ア

カ

サ

ナ

ハ

マ

ヤ

ラ

ワ

■著　者

石田　賢吾（いしだ　けんご）

1939 年　岡山県真庭郡蒜山生まれ
1962 年　鳥取大学農学部農芸化学科卒業
　　　　協和発酵工業（株）入社　東京研究所勤務
1978 年　食品酒類研究所（主査・所長）
　　　　農学博士（東京農業大学）「酵素利用によるアミノ酸系調味料の製造に関する研究」
　　　　2 つの研究所で調味料，酵素，機能性素材等の研究開発に従事
1990 年　本社（食品開発部長）
1995 年　味日本（株）出向（常務次いで専務取締役）
2002 年　協和発酵工業（株）定年退職
　　　　（現在は，協和キリン（株），三菱商事ライフサイエンス（株）等に事業が引き継がれている）
　　　　石田技術士事務所開設（技術士）
　　　　（公社）日本技術士会・登録食品技術士センター
　　　　（会員，会長（2008～2012））
2003 年　日本エキス調味料協会　専務理事，2017 年（同協会　顧問）

著　書　「微生物と発酵生産」一部執筆：酒類及び発酵食品（1979，共立出版）
　　　　「食品工業と酵素」一部執筆：タンパク分解酵素と調味料製造（1983，朝倉書店）
　　　　「改訂新版　食品調味の知識」改訂編著者：（2019，幸書房）
　　　　「食とバイオのイノベーション」一部執筆：エキス調味料の調味・減塩・健康機能（2020，エヌ・ティー・エス）

天然系調味料の知識

2020年10月20日　初版第1刷発行

著　者　石田賢吾
発行者　夏野雅博
発行所　株式会社　幸書房
〒101-0051　東京都千代田区神田神保町2-7
TEL 03-3512-0165　FAX 03-3512-0166
URL http://www.saiwaishobo.co.jp/

組　版：デジプロ
印　刷：シナノ
装　幀：クリエイティブ・コンセプト（江森恵子）

ISBN978-4-7821-0452-1　C3058